高等院校计算机应用系列教材

中文版 **AutoCAD** 工程制图

——上机练习与指导(2022 版)

田树发　孙　霞　编　著

清華大学出版社

北京

内 容 简 介

本书是与主教材《中文版 AutoCAD 工程制图(2022 版)》(书号：978-7-302-67433-7)配套的上机练习与指导。全书共分 15 章，分别与主教材的各章内容相对应，主要包括绘制二维图形、编辑二维图形、绘图设置、图形显示控制、精确绘图、图案填充、标注文字、标注尺寸、块与属性以及三维绘图等内容。每一章的上机练习都紧扣主教材的内容，并对具有代表性的练习进行上机操作指导。本书提供的上机练习所涉内容范围广、代表性强，读者通过完成这些练习，可以全面掌握 AutoCAD 2022 的使用方法和绘图技巧。

本书既可与主教材配套使用，也可作为练习单独使用；既可作为工科院校相关专业学生的上机实验指导书或课后复习辅导书，也可作为培训机构、自学者及工程设计人员的参考书。

本书配套的上机练习源文件可通过 http://www.tupwk.com.cn/downpage 网址下载，也可通过扫描前言中的二维码获取。

本书封面贴有清华大学出版社防伪标签，无标签者不得销售。

版权所有，侵权必究。举报：010-62782989，beiqinquan@tup.tsinghua.edu.cn

图书在版编目(CIP)数据

中文版 AutoCAD 工程制图：上机练习与指导：
2022 版 / 田树发, 孙霞编著. -- 北京：清华大学出版社，
2024. 10. -- (高等院校计算机应用系列教材).
ISBN 978-7-302-67434-4

Ⅰ. TB237
中国国家版本馆 CIP 数据核字第 20241PV976 号

责任编辑： 胡辰浩
封面设计： 高娟妮
版式设计： 孔祥峰
责任校对： 成凤进
责任印制： 丛怀宇

出版发行： 清华大学出版社
   网 址： https://www.tup.com.cn，https://www.wqxuetang.com
   地 址： 北京清华大学学研大厦 A 座   **邮 编：** 100084
   社 总 机： 010-83470000   **邮 购：** 010-62786544
   投稿与读者服务： 010-62776969，c-service@tup.tsinghua.edu.cn
   质 量 反 馈： 010-62772015，zhiliang@tup.tsinghua.edu.cn
印 装 者： 北京同文印刷有限责任公司
经 销： 全国新华书店
开 本： 185mm×260mm   **印 张：** 11.5   **字 数：** 287 千字
版 次： 2024 年 10 月第 1 版   **印 次：** 2024 年 10 月第 1 次印刷
定 价： 69.00 元

产品编号：085302-01

前　言

AutoCAD 是一款由美国 Autodesk 公司开发的计算机辅助设计与绘图软件，自 1982 年问世以来，历经数次升级，其功能逐渐强大且日益完善。如今，AutoCAD 已广泛应用于机械、建筑、电子、航天、造船、石油化工、土木工程、冶金、农业气象、纺织及轻工业等众多领域。AutoCAD 具有易于掌握、使用方便、体系结构开放等优点，深受广大工程技术人员的喜爱。我国许多高等院校的相关专业都将 AutoCAD 作为重点介绍的 CAD 应用软件之一。

本书是与主教材《中文版 AutoCAD 工程制图(2022 版)》(书号：978-7-302-67433-7)配套的上机练习与指导，主要用于上机练习。AutoCAD 是一款实践性非常强的应用软件，读者只有通过多次上机练习，才能掌握其精髓。

本书共分 15 章，各章内容分别与《中文版 AutoCAD 工程制图(2022 版)》一书中的各章相对应，主要包括绘制二维图形、编辑二维图形、绘图设置、图形显示控制、精确绘图、图案填充、标注文字与尺寸、块与属性以及三维绘图等内容。本书提供了两百多个上机练习，并且对大部分上机练习提供了操作指导。这些练习紧扣《中文版 AutoCAD 工程制图(2022 版)》一书中对应章节的内容，具有较强的针对性和代表性。读者通过完成这些练习，可以全面掌握 AutoCAD 2022 的使用方法与绘图技巧。

在此，要向为本书编写提出宝贵建议的各位专家、老师表示衷心的感谢，还要感谢清华大学出版社的各位编辑对本书的策划和出版所做的工作。

由于编者水平有限，本书难免有不足之处，欢迎广大读者批评指正。我们的邮箱是 992116@qq.com，电话是 010-62796045。

本书配套的上机练习源文件可通过 http://www.tupwk.com.cn/downpage 网址下载，也可通过扫描下方的二维码获取。

编　者

2024 年 4 月

目　录

第 1 章

概述

1.1　AutoCAD 的发展历史

练习 1　了解 AutoCAD 的发展历史。

1.2　AutoCAD 2022 的主要功能

练习 2　了解 AutoCAD 2022 提供的主要功能。如果读者熟悉其他 CAD 软件，可以将其与 AutoCAD 2022 进行比较。

练习 3　Autodesk 公司的中文网站是 http://www.autodesk.com.cn，其主页如图 1-1、图 1-2 所示。登录该网站可了解 AutoCAD 的相关信息。

图 1-1　Autodesk 公司中文网站的主页

图 1-2　Autodesk 公司的中文网站——"产品"界面

第 2 章

基本概念、基本操作

2.1 安装、启动 AutoCAD 2022

目的：掌握 AutoCAD 2022 的安装过程与启动方法。

上机练习 1 用 AutoCAD 2022 安装盘将 AutoCAD 2022 安装在计算机中，安装位置由用户指定。

说明：

用户可以通过 Windows 系统的"添加或删除程序"工具来删除已安装的 AutoCAD 2022。

上机练习 2 启动 AutoCAD 2022。尝试分别通过 Windows 桌面、Windows 资源管理器及 Windows 任务栏等启动 AutoCAD 2022，然后将其关闭。

2.2 AutoCAD 2022 二维绘图工作界面

目的：熟悉 AutoCAD 2022 的二维绘图工作界面及其相关操作方法。

上机练习 3 启动 AutoCAD 2022，熟悉 AutoCAD 2022 二维绘图工作界面的各组成部分及其功能，然后完成以下操作，并观察结果。

- 将光标移至"默认"功能区的 (直线)按钮上，停留一秒，观察给出的功能提示。执行"绘图"|"直线"命令，然后观察在命令窗口中系统自动显示出的提示信息。

- 执行"绘图"|"圆弧"命令，弹出如图 2-1 所示的"圆弧"子菜单。

此时可以单击其中的某一菜单命令执行绘制圆弧操作。

- 执行"绘图"|"表格"命令，打开如图 2-2 所示的"插入表格"对话框，然后单击"取消"按钮，关闭该对话框。

图 2-1 "圆弧"子菜单

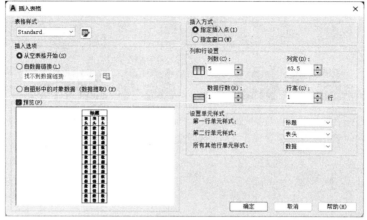

图 2-2　"插入表格"对话框

- 将光标移至"标准"工具栏中的 按钮上，稍作停留，观察所显示的工具提示，如图 2-3(a)所示。
- 继续停留一小会(约 2 秒)，将显示扩展的工具提示，如图 2-3(b)所示。

(a) 工具提示

(b) 扩展的工具提示

图 2-3　显示工具提示

- 单击"标准"工具栏中的 按钮(单击此按钮后不要抬起)，观察所显示的弹出式工具栏，如图 2-4 所示。

图 2-4　弹出式工具栏

说明:

单击右下角有小黑三角图标的工具栏按钮并停留时,系统会自动显示一个弹出式工具栏,如"标准"工具栏中的▣(窗口缩放)按钮、"绘图"工具栏中的▣ (插入块)按钮等。

上机练习 4 在当前绘图界面中打开"标注"工具栏和"对象捕捉"工具栏,调整它们的位置,然后关闭这两个工具栏。

说明:

打开工具栏的另外一种简便方法是:在已有工具栏上右击,系统将自动弹出工具栏快捷菜单,如图 2-5 所示(为节省篇幅,将菜单分成两列显示)。

图 2-5 工具栏快捷菜单

菜单中列有各工具栏的名称,其中前面有 ✓ 符号的项表示当前打开了对应的工具栏,否则表示没有打开该工具栏。如果在工具栏快捷菜单中选择没有打开的工具栏菜单项,那么可以在当前绘图窗口打开此工具栏;如果选择已打开的工具栏菜单项,则会关闭该工具栏。

说明:

利用与下拉菜单"工具"|"工具栏"|AutoCAD 对应的子菜单,也可以打开或关闭 AutoCAD 的各工具栏。

请练习打开与关闭 AutoCAD 其他工具栏的操作。

2.3 图形文件管理

目的:掌握新建图形、打开已有图形及保存图形等图形文件管理的操作方法和技巧。

上机练习5 以文件 acadiso.dwt 为样板创建新图形,然后将该图形以文件名 New Drawing.dwg 保存到指定的目录(保存位置由读者自行确定)。

操作步骤如下。

(1) 创建新图形

单击快速访问工具栏中的按钮，或执行"文件"|"新建"命令，即执行 NEW 命令，打开如图 2-6 所示的"选择样板"对话框。

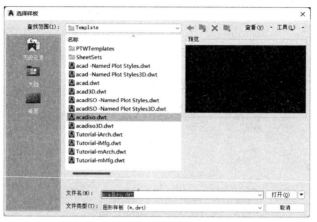

图 2-6 "选择样板"对话框

从"选择样板"对话框中选择 acadiso.dwt，单击"打开"按钮，即可通过样板 acadiso.dwt 创建新图形。

(2) 保存图形

单击快速访问工具栏中的按钮，或执行"文件"|"保存"命令，即执行 QSAVE 命令，可以打开如图 2-7 所示的"图形另存为"对话框。

通过选择该对话框中的"保存于"下拉列表中的文件夹确定文件的保存位置，在"文件名"文本框中输入文件名，单击"保存"按钮，即可将当前图形保存。

上机练习6 打开 AutoCAD 2022 提供的某些示例文件(位于 AutoCAD 2022 安装文件夹下的 Sample 目录)，浏览这些图形，并换名保存到其他位置。

上机练习7 打开本书下载文件中"DWG\第 3 章"到"DWG\第 5 章"目录下的部分图形文件，浏览图形，并将其中的部分图形换名保存到硬盘中的指定位置(由读者自行确定目录)，然后关闭图形。

图 2-7 "图形另存为"对话框

2.4　绘图基本设置

目的：掌握设置绘图界限和绘图单位等操作的方法和技巧。

上机练习 8　以文件 acadiso.dwt 为样板创建一个新图形，具体要求如下。

- 图形界限设置：横装 A2 号图幅(尺寸：594×420)，并使所设图形界限有效。
- 绘图单位设置：长度单位类型为小数，精度为小数点后 0 位；角度单位类型为"度/分/秒"，精度为 0d00'；其他设置保持默认设置。
- 保存图形：将图形以文件名 A2.dwg 进行保存。

主要操作步骤如下。

(1) 创建新图形

执行 NEW 命令，以文件 acadiso.dwt 为样板创建一个新图形(过程略)。

(2) 设置绘图界限

执行"格式"|"图形界限"命令，即执行 LIMITS 命令，AutoCAD 提示：

指定左下角点或 [开(ON)/关(OFF)] <0.0000,0.0000>:✓(本书中，"✓"表示按 Enter 键)
指定右上角点: 594,420✓

再执行 LIMITS 命令，AutoCAD 提示：

指定左下角点或 [开(ON)/关(OFF)] <0.0000,0.0000>: ON✓(使所设图形界限生效)

最后，执行"视图"|"缩放"|"全部"命令，使所设绘图界限充满绘图窗口。

(3) 设置绘图单位

执行"格式"|"单位"命令，即执行 UNITS 命令，打开 "图形单位"对话框，根据要求在其中进行相应的设置，如图 2-8 所示。

图 2-8　"图形单位"对话框

设置完毕后单击"确定"按钮，关闭该对话框。

(4) 保存图形

执行 QSAVE(或 SAVEAS)命令，将图形以文件名 A2.dwg 进行保存(过程略)。

本书下载文件中的图形文件"DWG\第 2 章\A2.dwg"是设置有对应图形界限和单位格式的空白图形。

上机练习 9 以文件 acadiso.dwt 为样板创建一个新图形，具体要求如下。

- 图形界限设置：横装 A0 号图幅(尺寸：1189×841)，并使所设图形界限有效。
- 绘图单位设置：长度单位类型为小数，精度为整数；角度单位类型为"度/分/秒"，精度为 0d；其他设置保持默认设置。
- 保存图形：将图形以文件名 A0.dwg 进行保存。

说明：

本书下载文件中的图形文件"DWG\第 2 章\A0.dwg""DWG\第 2 章\A1.dwg""DWG\第 2 章\A2.dwg""DWG\第 2 章\A3.dwg"和"DWG\第 2 章\A4.dwg"分别是与 A0、A1、A2、A3 和 A4 幅面对应的空白图形，并且每个图形中均设置有相应的图形界限和单位。

2.5 使用帮助

目的：熟悉 AutoCAD 2022 的帮助功能。

上机练习 10 利用 AutoCAD 2022 的帮助功能，了解绘制直线命令的操作方法。

操作步骤如下。

执行"帮助"|"帮助"命令，打开帮助窗口，如图 2-9 所示。利用该窗口了解各命令的功能、使用方法，以及各系统变量的功能与默认值等。

图 2-9 帮助窗口

第3章

绘制基本二维图形

3.1 绘制线

目的：掌握利用 AutoCAD 2022 绘制直线、射线以及构造线等的操作方法。

上机练习1 用 LINE 命令绘制如图 3-1 所示的直角三角形。

操作步骤如下。

单击"默认"功能区中的 (直线)按钮，或单击"绘图"工具栏上的 (直线)按钮，或执行"绘图"|"直线"命令，即执行 LINE 命令，AutoCAD 提示：

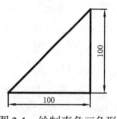

图 3-1 绘制直角三角形

> 指定第一个点:(在绘图屏幕适当位置拾取一点)
> 指定下一点或 [放弃(U)]: @100,0✓(绘制水平线。注意，采用了相对坐标)
> 指定下一点或 [放弃(U)]: @100<90✓(绘制垂直线。采用了相对极坐标)
> 指定下一点或 [关闭(C)/放弃(U)]: C✓(封闭，绘制斜线)

上机练习2 用 LINE 命令绘制如图 3-2 所示的多边形。

上机练习3 用 LINE 命令绘制如图 3-3 所示的多边形。

上机练习4 用 LINE 命令通过动态输入法绘制如图 3-4 所示的多边形。

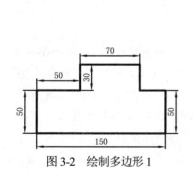

图 3-2 绘制多边形 1

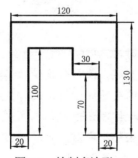

图 3-3 绘制多边形 2

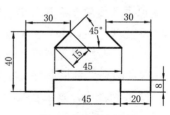

图 3-4 绘制多边形 3

操作步骤如下。

(1) 启用动态输入功能

选择"工具"|"绘图设置"命令，打开"草图设置"对话框，单击"动态输入"标签，

打开"动态输入"选项卡，选中该选项卡中的"启用指针输入"复选框，如图 3-5 所示。

在"指针输入"选项组中单击"设置"按钮，在打开的"指针输入设置"对话框中进行相应设置，如图 3-6 所示。

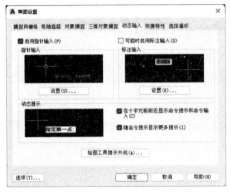

图 3-5　"草图设置"对话框　　　　图 3-6　"指针输入设置"对话框

单击"确定"按钮，关闭"指针输入设置"对话框，返回如图 3-5 所示的"草图设置"对话框，然后单击"确定"按钮，关闭该对话框。

(2) 绘制直线

执行 LINE 命令，AutoCAD 提示：

> 指定第一个点:(在绘图屏幕适当位置拾取一点)
> 指定下一点或 [放弃(U)]:

在此提示下，在所显示的工具栏提示中的两个文本框内分别输入 40 和 90(相当于极坐标 40<90)，如图 3-7(a)所示(在第一个文本框中输入 40 后，按 Tab 键切换到另一个文本框，此时的工具栏提示如图 3-7(b)所示，然后输入 90)。

(a) 输入极坐标值 40 和 90　　　　　　(b) 按 Tab 键后的效果

图 3-7　工具栏提示 1

说明：

当橡皮筋线处于垂直或水平位置时，在工具栏提示中会显示光标的对应极坐标，如图 3-8 所示。在此状态下，如果需要绘制垂直线，输入长度值(如 40)后按 Enter 键即可；如果需要绘制斜线，一种情况是移动光标，使橡皮筋线倾斜，此时会显示图 3-7 所示样式的工具栏提示，分别在两个文本框中输入对应的极坐标值(长度值和角度值)即可；但若出现如图 3-8 所示样式的工具栏提示，则应直接输入极坐标，即以"长度<角度"的格式输入。

图 3-8　工具栏提示 2

如果在如图 3-7 所示的状态下按 Enter 键，则可绘制出长为 40 的垂直线，AutoCAD 继续提示：

指定下一点或 [放弃(U)]:

在显示的工具栏提示中的两个文本框内分别输入 30 和 0(相当于极坐标 30<0)，如图 3-9 所示。

按 Enter 键，绘制出长为 30 的水平线。继续执行后续的操作，即可绘制出如图 3-4 所示的多边形。

上机练习 5　用 LINE 命令通过动态输入法绘制如图 3-10 所示的多边形。

上机练习 6　绘制 4 条射线，具体要求如下：

4 条射线均以点(150,85)为起点，其中一条射线水平指向右侧，一条射线指向 45°方向，一条射线指向 275°方向，一条射线指向 315°方向。

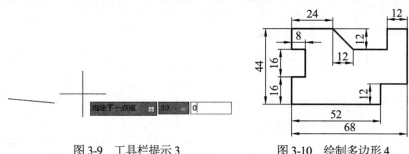

图 3-9　工具栏提示 3　　　　　　图 3-10　绘制多边形 4

上机练习 7　绘制 3 条水平构造线和 5 条垂直构造线，具体要求如下：

3 条水平构造线彼此之间的距离为 25，5 条垂直构造线彼此之间的距离为 40。

3.2　绘制矩形和正多边形

目的： 掌握利用 AutoCAD 2022 绘制矩形和等边多边形的操作方法。

上机练习 8　绘制如图 3-11 所示尺寸的矩形(宽度为 1)。

操作步骤如下。

单击"默认"功能区中的▭(矩形)按钮，或单击"绘图"工具栏上的▭(矩形)按钮，或执行"绘图"|"矩形"命令，即执行 RECTANG 命令，AutoCAD 提示：

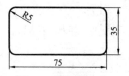

图 3-11　绘制矩形 1

指定第一个角点或 [倒角(C)/标高(E)/圆角(F)/厚度(T)/宽度(W)]:W↙
指定矩形的线宽:1↙
指定第一个角点或 [倒角(C)/标高(E)/圆角(F)/厚度(T)/宽度(W)]:F↙
指定矩形的圆角半径:5↙
指定第一个角点或 [倒角(C)/标高(E)/圆角(F)/厚度(T)/宽度(W)]:(在绘图屏幕适当位置拾取一点)
指定另一个角点或 [面积(A)/尺寸(D)/旋转(R)]:@75,-35↙

上机练习 9　绘制如图 3-12 所示的矩形。

上机练习 10　绘制矩形，矩形的面积为 400，长为 30。

上机练习 11　绘制如图 3-13 所示的正六边形。

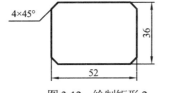

图 3-12　绘制矩形 2　　　　图 3-13　绘制正六边形 1

操作步骤如下。

单击"默认"功能区中的█(多边形)按钮，或单击"绘图"工具栏上的█(多边形)按钮，或执行"绘图"|"多边形"命令，即执行 POLYGON 命令，AutoCAD 提示：

> 输入边的数目 <4>: 6↙
> 指定正多边形的中心点或 [边(E)]:(在绘图屏幕适当位置确定一点)
> 输入选项 [内接于圆(I)/外切于圆(C)] <I>:↙(所绘六边形内接于假想的圆)
> 指定圆的半径: 25↙(六边形的边长等于其外接圆的半径)

上机练习 12　绘制如图 3-14 所示的 3 个正六边形。

提示：

先绘制位于中间位置的六边形，然后以六边形斜边上的两个端点作为新绘六边形的一条边上的两个端点来绘制其他两个六边形。

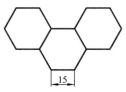

图 3-14　绘制正六边形 2

3.3　绘制曲线

目的：掌握利用 AutoCAD 2022 绘制圆、圆环、椭圆以及椭圆弧等曲线图形的操作方法。

上机练习 13　绘制如图 3-15 所示尺寸的 4 个圆(左侧圆的位置由用户确定，中间的圆与其他 3 个圆相切)。

上机练习 14　绘制如图 3-16 所示尺寸的 3 个圆环。

然后，将系统变量 FILLMODE 的值改为 0，重新生成图形(执行"视图"|"重生成"命令实现)，并观察结果。

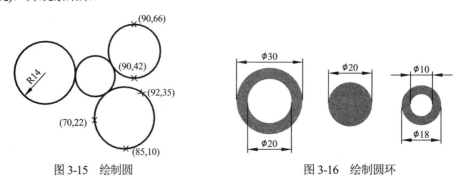

图 3-15　绘制圆　　　　　　　　　　图 3-16　绘制圆环

上机练习 15　绘制如图 3-17 所示尺寸的 4 条圆弧。

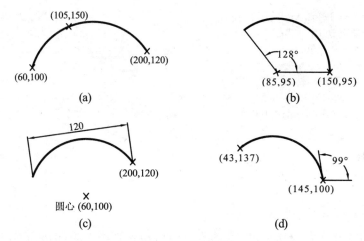

图 3-17 绘制圆弧

上机练习 16 绘制如图 3-18 所示尺寸的两个椭圆。

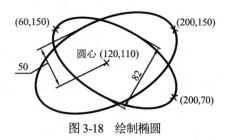

图 3-18 绘制椭圆

操作步骤如下。

(1) 绘制大椭圆

单击"绘图"工具栏上的 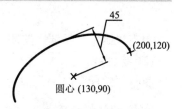(椭圆)按钮，即执行 ELLIPSE 命令，AutoCAD 提示：

> 指定椭圆的轴端点或 [圆弧(A)/中心点(C)]: C✓
> 指定椭圆的中心点:120,110✓
> 指定轴的端点:200,150✓
> 指定另一条半轴长度或 [旋转(R)]:50✓

(2) 绘制小椭圆

执行 ELLIPSE 命令，AutoCAD 提示：

> 指定椭圆的轴端点或 [圆弧(A)/中心点(C)]:60,150✓
> 指定轴的另一个端点: 200,70✓
> 指定另一条半轴长度或 [旋转(R)]:41✓

上机练习17 绘制椭圆。该椭圆的中心点坐标是(100,100)，一条轴的端点坐标是(150,70)，另一条轴的半轴长度是 40。

上机练习 18 绘制如图 3-19 所示的椭圆弧。

操作步骤如下。

执行"绘图"|"椭圆"|"圆弧"命令，AutoCAD 提示：

图 3-19 绘制椭圆弧

指定椭圆的轴端点或 [圆弧(A)/中心点(C)]: A✓
指定椭圆弧的轴端点或 [中心点(C)]: C✓
指定椭圆弧的中心点:130,90✓
指定轴的端点:200,120✓
指定另一条半轴长度或 [旋转(R)]: 45✓
指定起点角度或 [参数(P)]: 0✓
指定端点角度或 [参数(P)/夹角(I)]: 180✓

3.4 绘制点

目的: 掌握设置点的样式并绘制各点的操作方法。

上机练习19 打开本书下载文件中的图形文件"DWG\第3章\图 3-20a.dwg",得到如图 3-20(a)所示的曲线。为该曲线绘制等分点,将其六等分,绘制结果如图 3-20(b)所示。

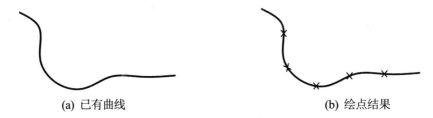

(a) 已有曲线　　　　　　　　　　(b) 绘点结果

图 3-20　绘制等分点

操作步骤如下。

(1) 设置点的样式

执行"格式"|"点样式"命令,即执行 DDPTYPE 命令,打开"点样式"对话框,通过该对话框选择点样式,如图 3-21 所示(选择了第一行第四列的点样式)。

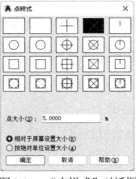

图 3-21　"点样式"对话框

单击"确定"按钮,关闭该对话框。

(2) 绘制点

执行"绘图"|"点"|"定数等分"命令,即执行 DIVIDE 命令,AutoCAD 提示:

选择要定数等分的对象:
输入线段数目或 [块(B)]: 6✓

本书下载文件中的图形文件"DWG\第 3 章\图 3-20b.dwg"提供了绘图结果。

上机练习20　打开本书下载文件中的图形文件"DWG\第 3 章\图 3-22a.dwg",得到如图 3-22(a) 所示的曲线。从曲线的右端点开始,按间隔长度为 60 绘制点,绘制结果如图 3-22(b)所示。

(a) 已有曲线　　　　　　　　　　　　　　(b) 绘点结果

图 3-22　按指定距离绘制点

操作步骤如下。

执行"绘图"|"点"|"定距等分"命令,即执行 MEASURE 命令,AutoCAD 提示:

> 选择要定距等分的对象:(在图 3-22(a)中,在靠近右端点的位置拾取曲线)
> 指定线段长度或 [块(B)]: 60↙

本书下载文件中的图形文件"DWG\第 3 章\图 3-22b.dwg"提供了绘图结果。

说明:

如果在"选择要定距等分的对象:"提示下,在图 3-22(a)所示曲线上靠近左端点的位置拾取曲线,则绘制结果如图 3-23 所示。

图 3-23　从曲线左端点开始绘制点

3.5　综合练习

目的: 综合运用基本绘图命令绘制较为复杂的图形。

说明:

当读者用基本绘图命令绘制本节的各个图形时,可能会出现位置不准确、有偏差等情况,其原因是在绘图过程中没有使用 AutoCAD 的编辑功能以及其他精确绘图工具。通过完成后面章节的绘图练习,读者可以掌握解决这些问题的方法。

上机练习21　绘制如图 3-24 所示的五角星(尺寸由读者确定)。

绘制如图 3-24 所示五角星的方法有多种,下面介绍其中的一种方法。

操作步骤如下。

(1) 绘制五边形

用 POLYGON 命令绘制如图 3-25 所示的五边形。

(2) 绘制直线

用 LINE 命令,在图 3-25 所示五边形的对应端点处绘制直线,绘制结果如图 3-26 所示。

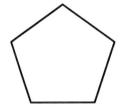

图 3-24　绘制五角星　　　图 3-25　绘制五边形 1　　　图 3-26　绘制五边形 2

(3) 删除五边形

单击"修改"工具栏上的 (删除)按钮，然后在"选择对象:"提示下选择五边形，并按 Enter 键。

本书下载文件中的图形文件"DWG\第 3 章\图 3-24.dwg"提供了绘图结果。

上机练习 22　绘制如图 3-27 所示的图形(尺寸由读者确定)。

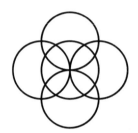

图 3-27　练习图 1

本书下载文件中的图形文件"DWG\第 3 章\图 3-27.dwg"提供了绘图结果。

上机练习 23　绘制如图 3-28 所示的图形(尺寸由读者确定)。

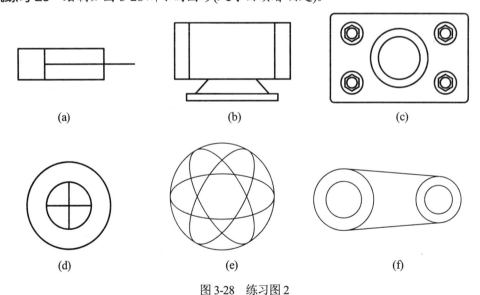

图 3-28　练习图 2

本书下载文件中的图形文件"DWG\第 3 章\图 3-28a.dwg"到"第 3 章\图 3-28f.dwg"提供了绘图结果。

第 4 章

编辑图形

4.1 删除对象与选择对象

目的： 熟悉 AutoCAD 2022 的删除功能，并掌握删除和选择对象的操作方法。

上机练习 1 打开本书下载文件中的图形文件"DWG\第 4 章\图 4-1.dwg"，得到如图 4-1 所示的图形。

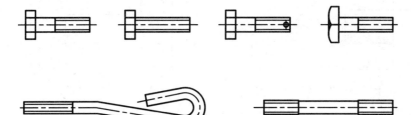

图 4-1　已有图形

对图 4-1 执行如下操作。

(1) 执行 ERASE 命令，删除位于第 2 行的所有图形(执行 ERASE 命令后，可以在"选择对象:"提示下通过窗口方式选择要删除的对象)。

(2) 将执行删除操作后得到的图形换名保存到其他位置(保存位置由用户指定)。

(3) 连续单击"标准"工具栏上的 ⬅ 按钮，恢复已删除的图形。

(4) 执行 ERASE 命令，删除所有图形(执行 ERASE 命令后，在"选择对象:"提示下用 ALL 进行响应)。

(5) 再次单击"标准"工具栏上的 ⬅ 按钮，恢复已删除的图形。

(6) 执行 ERASE 命令，删除位于右下角图形中的中心线(执行 ERASE 命令后，在"选择对象:"提示下直接拾取要删除的中心线)。

(7) 关闭图形文件，但不保存修改。

上机练习 2 打开本书下载文件中的图形文件"DWG\第 4 章\图 4-2a.dwg"，得到图 4-2(a)所示的图形。

对该图形执行删除操作，删除后的结果如图 4-2(b)所示。

本书下载文件中的图形文件"DWG\第 4 章\图 4-2(b).dwg"是完成删除操作后的图形。

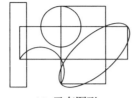 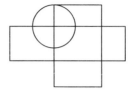

(a) 已有图形　　　　　　　　　　(b) 删除后的结果

图 4-2　删除操作

4.2　移动对象与复制对象

目的：掌握运用 AutoCAD 2022 移动和复制对象的操作方法。

上机练习 3　打开本书下载文件中的图形文件"DWG\第 4 章\图 4-3a.dwg"，得到如图 4-3(a)
所示的图形。分别执行移动和复制操作，其结果如图 4-3(b)所示。

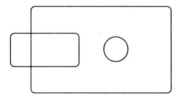 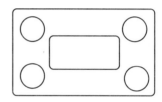

(a) 已有图形　　　　　　　　　　(b) 移动、复制后的结果

图 4-3　移动、复制图形 1

操作步骤如下。

(1) 移动小矩形和圆

单击"修改"工具栏上的 ⊕(移动)按钮，或执行"修改"|"移动"命令，即执行 MOVE
命令，AutoCAD 提示：

> 选择对象:(选择小矩形)
> 选择对象:✓
> 指定基点或 [位移(D)] <位移>:(在绘图屏幕适当位置拾取一点作为移动基点)
> 指定第二个点或 <使用第一个点作为位移>:(通过移动鼠标拖动小矩形，使其位于适当位置后单击鼠标拾取键)

执行结果如图 4-4 所示。

用类似的方法移动圆，结果如图 4-5 所示。

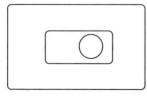 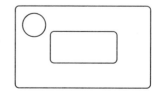

图 4-4　移动后的结果 1　　　　　　图 4-5　移动后的结果 2

(2) 复制圆

单击"修改"工具栏上的 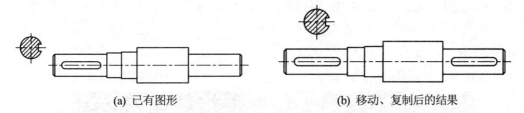(复制)按钮，或执行"修改"|"复制"命令，即执行 COPY 命令，AutoCAD 提示：

> 选择对象:(选择圆)
> 选择对象:↙
> 指定基点或 [位移(D)/模式(O)] <位移>:(在绘图屏幕适当位置拾取一点作为复制基点，如在圆的圆心位置拾取一点)
> 指定第二个点或 [阵列(A)] <使用第一个点作为位移>:(通过移动鼠标拖动圆，使其位于大矩形的右上角位置后单击鼠标拾取键)
> 指定第二个点或 [阵列(A)/退出(E)/放弃(U)] <退出>:(通过移动鼠标拖动圆，使其位于大矩形的左下角位置后单击鼠标拾取键)
> 指定第二个点或 [阵列(A)/退出(E)/放弃(U)] <退出>:(通过移动鼠标拖动圆，使其位于大矩形的右下角位置后单击鼠标拾取键)
> 指定第二个点或 [阵列(A)/退出(E)/放弃(U)] <退出>:↙

执行结果如图 4-3(b)所示。

本书下载文件中的图形文件"DWG\第 4 章\图 4-3b.dwg"是完成移动、复制操作后的图形。

上机练习 4　打开本书下载文件中的图形文件"DWG\第 4 章\图 4-6a.dwg"，得到如图 4-6(a)所示的图形。

对其中的断面图执行移动、复制操作，结果如图 4-6(b)所示。

| (a) 已有图形 | (b) 移动、复制后的结果 |

图 4-6　移动、复制图形 2

本书下载文件中的图形文件"DWG\第 4 章\图 4-6b.dwg"是完成移动、复制操作后的图形。

上机练习 5　在不同图形文件之间完成复制、粘贴操作。

本书下载文件中的图形文件"DWG\第 4 章\图 4-7.dwg"中有如图 4-7 所示的图形，本书下载文件中的图形文件"DWG\第 4 章\图 4-8.dwg"中有如图 4-8 所示的图形。将图 4-7 中的图形插入图 4-8 中，插入结果如图 4-9 所示。

图 4-7　已有图形 1　　　　图 4-8　已有图形 2　　　　图 4-9　插入后的结果

操作步骤如下。

首先，打开本书下载文件中的图形文件"DWG\第 4 章\图 4-7.dwg"和"DWG\第 4 章\图 4-8.dwg"，然后执行"窗口"|"垂直平铺"命令，结果如图 4-10 所示。

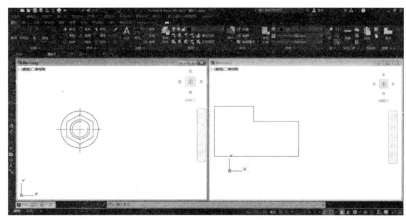

图 4-10　使窗口垂直平铺

激活左侧窗口。操作方法为：将光标移至左侧窗口，单击左键。

执行"编辑"|"带基点复制"命令，AutoCAD 提示：

> 指定基点:(在两条中心线的交点处拾取该点作为基点)
> 选择对象:(选择左侧窗口中的所有图形)
> 选择对象:✓

此时即可关闭图形文件"图 4-7.dwg"。

激活右侧窗口。操作方法为：将光标移至右侧窗口，单击左键。

执行"编辑"|"粘贴"命令，AutoCAD 提示：

> 指定插入点:

在对应的插入位置拾取一点，即可插入对应的图形，插入后的结果如图 4-11 所示。

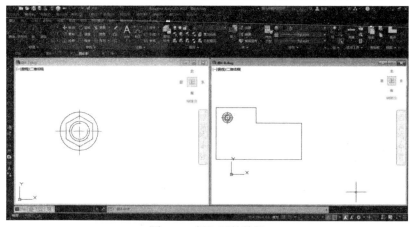

图 4-11　插入后的结果

继续在其他位置执行插入操作，或执行 COPY(复制)命令向其他位置复制已插入的图形，即可得到如图 4-9 所示的图形。

说明：

当需要重复执行上一步执行的命令时，直接按 Enter 键即可。

本书下载文件中的图形文件"DWG\第 4 章\图 4-9.dwg"是完成粘贴操作后的图形。

4.3　旋转对象

目的：熟悉 AutoCAD 2022 的旋转功能。

上机练习 6　打开本书下载文件中的图形文件"DWG\第 4 章\图 4-12a.dwg"，得到如图 4-12(a)所示的图形。旋转其中的扇形图形和左侧的圆，旋转后的结果如图 4-12(b)所示。

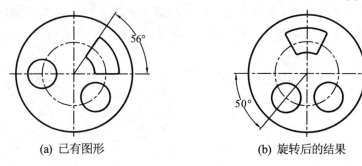

(a) 已有图形　　　　　　　　　　(b) 旋转后的结果

图 4-12　旋转操作 1

操作步骤如下。

单击"修改"工具栏上的 (旋转)按钮，或执行"修改"|"旋转"命令，即执行 ROTATE 命令，AutoCAD 提示：

> 选择对象:(选择扇形图形。因图中有小圆角，最好以矩形窗口方式选择图形)
> 选择对象:↙
> 指定基点:(在水平和垂直中心线之间的交点处拾取一点)
> 指定旋转角度，或 [复制(C)/参照(R)]:62↙

再执行 ROTATE 命令，AutoCAD 提示：

> 选择对象:(选择左侧的圆)
> 选择对象:↙
> 指定基点:(在两条中心线的交点处拾取一点)
> 指定旋转角度，或 [复制(C)/参照(R)] <62.0>:50↙

本书下载文件中的图形文件"DWG\第 4 章\图 4-12b.dwg"是完成旋转操作后的图形。

上机练习 7　打开本书下载文件中的图形文件"DWG\第 4 章\图 4-13a.dwg"，得到如图 4-13(a)所示的图形。旋转其中的对应图形，旋转后的结果如图 4-13(b)所示。

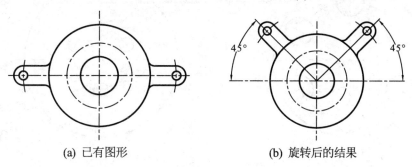

(a) 已有图形　　　　　　　　　　(b) 旋转后的结果

图 4-13　旋转操作 2

本书下载文件中的图形文件"DWG\第 4 章\图 4-13b.dwg"是完成旋转操作后的图形。

4.4 缩放对象

目的：熟悉 AutoCAD 2022 的缩放功能。

上机练习 8　打开本书下载文件中的图形文件"DWG\第 4 章\图 4-14a.dwg"，得到如图 4-14(a)所示的图形。缩小右侧表示孔和键槽的对应图形，使其尺寸缩小为原来的 7/10，缩小后的结果如图 4-14(b)所示。

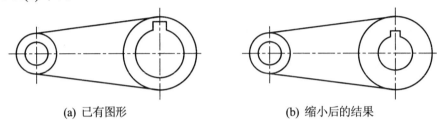

(a) 已有图形　　　　　　　　　(b) 缩小后的结果

图 4-14　缩放操作 1

操作步骤如下。

单击"修改"工具栏上的▣(缩放)按钮，或执行"修改"|"缩放"命令，即执行 SCALE 命令，AutoCAD 提示：

> 选择对象:(选择图 4-14(a)中右侧表示孔和键槽的图形对象)
> 选择对象:↙
> 指定基点:(拾取水平中心线与右侧垂直中心线之间的交点)
> 指定比例因子或 [复制(C)/参照(R)]:0.7↙

本书下载文件中的图形文件"DWG\第 4 章\图 4-14b.dwg"是完成缩小操作后的图形。

上机练习 9　打开本书下载文件中的图形文件"DWG\第 4 章\图 4-15a.dwg"，得到如图 4-15(a)所示的图形。

使图中的 6 个小圆以及对应的中心线以大圆圆心为基点缩小，将尺寸缩小为原来的 1/2，缩小后的结果如图 4-15(b)所示。

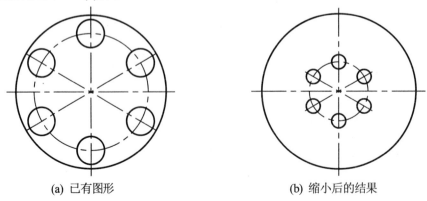

(a) 已有图形　　　　　　　　　(b) 缩小后的结果

图 4-15　缩放操作 2

本书下载文件中的图形文件 "DWG\第 4 章\图 4-15b.dwg" 是完成缩小操作后的图形。

4.5　偏移对象

目的：熟悉 AutoCAD 2022 的偏移功能。操作对象不同，偏移后的结果也不同。

上机练习 10　打开本书下载文件中的图形文件 "DWG\第 4 章\图 4-16a.dwg"，得到如图 4-16(a) 所示的图形(内轮廓是用 RECTANG 命令绘制的矩形，外轮廓是用 LINE 命令绘制的多边形)。分别对图中的内、外轮廓执行偏移操作，偏移后的结果如图 4-16(b)所示。

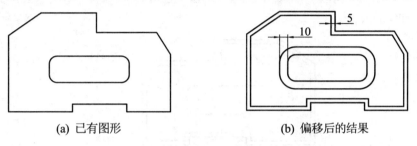

(a) 已有图形　　　　　　　　　(b) 偏移后的结果

图 4-16　偏移操作 1

对于图 4-16(a)，其中一种绘图方法是直接利用 OFFSET 命令对外轮廓执行偏移复制操作，得到如图 4-17 所示的图形。

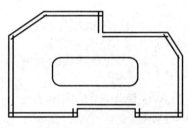

图 4-17　偏移后的结果 1

但如果要得到如图 4-16(b)所示的结果，还需要对图 4-17 进行处理，如执行延伸、修剪等操作。另一种绘图方法是在执行偏移操作之前，首先将外轮廓合并成一条多段线，然后进行偏移操作，下面将介绍这种绘图方法。

(1) 将外轮廓合并成一条多段线

单击 "修改 II" 工具栏上的(编辑多段线)按钮，或执行 "修改" | "对象" | "多段线" 命令，即执行 PEDIT 命令，AutoCAD 提示：

```
选择多段线或 [多条(M)]:(选择图 4-16(a)外轮廓上的一条直线)
选定的对象不是多段线
是否将其转换为多段线? <Y>✓ (表示将其转换为多段线)
输入选项
[闭合(C)/合并(J)/宽度(W)/编辑顶点(E)/拟合(F)/样条曲线(S)/非曲线化(D)/线型生成(L)/反转(R)/放弃(U)]: J✓
选择对象:(选择图 4-16(a)中构成外轮廓的其他所有直线段)
选择对象:✓
```

输入选项
[打开(O)/合并(J)/宽度(W)/编辑顶点(E)/拟合(F)/样条曲线(S)/非曲线化(D)/线型生成(L)/反转(R)/放弃(U)]: ↙

(2) 偏移外轮廓

单击"修改"工具栏上的 (偏移)按钮,或执行"修改"|"偏移"命令,即执行 OFFSET 命令,AutoCAD 提示:

指定偏移距离或 [通过(T)/删除(E)/图层(L)] <通过>:5↙
选择要偏移的对象,或 [退出(E)/放弃(U)] <退出>:(选择外轮廓)
指定要偏移的那一侧上的点,或 [退出(E)/多个(M)/放弃(U)] <退出>:(在外轮廓内任意位置拾取一点)
选择要偏移的对象,或 [退出(E)/放弃(U)] <退出>:↙

执行结果如图 4-18 所示。

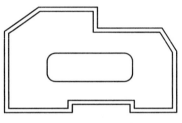

图 4-18　偏移后的结果 2

(3) 偏移内轮廓(因为内轮廓是矩形,而矩形本身就是由多段线构成的,所以不需要合并),执行 OFFSET 命令,AutoCAD 提示:

指定偏移距离或 [通过(T)/删除(E)/图层(L)] <通过>:10↙
选择要偏移的对象,或 [退出(E)/放弃(U)] <退出>:(选择矩形)
指定要偏移的那一侧上的点,或 [退出(E)/多个(M)/放弃(U)] <退出>:(在矩形外任意位置拾取一点)
选择要偏移的对象,或 [退出(E)/放弃(U)] <退出>:↙

本书下载文件中的图形文件"DWG\第 4 章\图 4-16b.dwg"是完成偏移操作后的图形。

上机练习 11　打开本书下载文件中的图形文件"DWG\第 4 章\图 4-19a.dwg",得到如图 4-19(a)所示的图形。对其中的各个图形对象执行偏移操作(偏移距离均为 10),偏移后的结果如图 4-19(b)所示。

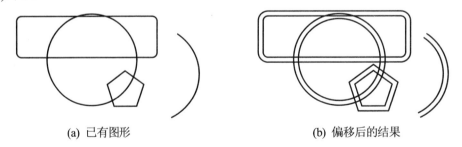

(a) 已有图形　　　　　　　　　　　　(b) 偏移后的结果

图 4-19　偏移操作 2

本书下载文件中的图形文件"DWG\第 4 章\图 4-19b.dwg"是完成偏移操作后的图形。

4.6 镜像对象

目的：熟悉 AutoCAD 2022 的镜像功能。利用镜像功能绘制对称图形。

上机练习 12 打开本书下载文件中的图形文件"DWG\第 4 章\图 4-20a.dwg"，得到如图 4-20(a) 所示的图形。使其相对于垂直中心线镜像，镜像后的结果如图 4-20(b)所示。

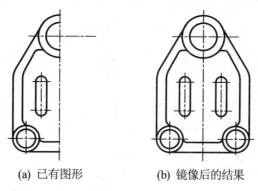

(a) 已有图形   (b) 镜像后的结果

图 4-20 镜像操作 1

操作步骤如下。

执行 MIRROR 命令，AutoCAD 提示：

选择对象:(选择图 4-20(a)中除长垂直中心线外的其他图形)
选择对象:↙
指定镜像线的第一点:(拾取图 4-20(a)中长垂直中心线的一个端点)
指定镜像线的第二点:(拾取图 4-20(a)中长垂直中心线的另一个端点)
要删除源对象吗? [是(Y)/否(N)] <N>:↙

本书下载文件中的图形文件"DWG\第 4 章\图 4-20b.dwg"是完成镜像操作后的图形。

上机练习 13 打开本书下载文件中的图形文件"DWG\第 4 章\图 4-21a.dwg"，得到如图 4-21(a) 所示的图形。使其相对于水平中心线镜像，镜像后的结果如图 4-21(b)所示。

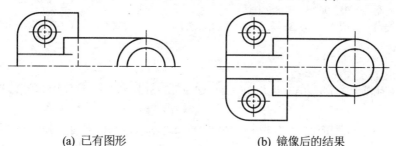

(a) 已有图形   (b) 镜像后的结果

图 4-21 镜像操作 2

本书下载文件中的图形文件"DWG\第 4 章\图 4-21b.dwg"是完成镜像操作后的图形。

4.7 阵列对象

目的: 熟悉 AutoCAD 2022 的阵列功能。阵列分为矩形阵列和环形阵列两种形式。

上机练习 14 打开本书下载文件中的图形文件"DWG\第 4 章\图 4-22a.dwg",得到如图 4-22(a)所示的图形。对图中的两个小圆及其中心线执行矩形阵列操作,阵列后的结果如图 4-22(b)所示。

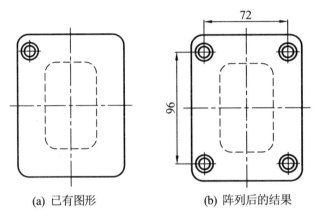

(a) 已有图形　　　　　(b) 阵列后的结果

图 4-22　阵列操作 1

操作步骤如下。

单击"修改"工具栏上的■■(矩形阵列)按钮,或执行"修改"|"阵列"|"矩形阵列"命令,即执行 ARRAYRECT 命令,AutoCAD 提示:

```
选择对象:(选择两个小圆及其中心线)
选择对象:↙
选择夹点以编辑阵列或 [关联(AS)/基点(B)/计数(COU)/间距(S)/列数(COL)/行数(R)/层数(L)/退出(X)]
<退出>: S↙
指定列之间的距离或 [单位单元(U)] <28.8198>: 72↙
指定行之间的距离  <28.7963>:-96↙
选择夹点以编辑阵列或 [关联(AS)/基点(B)/计数(COU)/间距(S)/列数(COL)/行数(R)/层数(L)/退出(X)]
<退出>: COU↙
输入列数数或 [表达式(E)] <4>: 2↙
输入行数数或 [表达式(E)] <3>: 2↙
选择夹点以编辑阵列或 [关联(AS)/基点(B)/计数(COU)/间距(S)/列数(COL)/行数(R)/层数(L)/退出(X)]
<退出>:↙
```

本书下载文件中的图形文件"DWG\第 4 章\图 4-22b.dwg"是完成阵列操作后的图形。

说明:

AutoCAD 2022 专门提供了用于阵列操作的工具栏,如图 4-23 所示。

图 4-23　"阵列"工具栏

上机练习 15 打开本书下载文件中的图形文件"DWG\第 4 章\图 4-24a.dwg",得到如图 4-24(a) 所示的图形。对图中的小圆和六边形执行环形阵列操作,阵列后的结果如图 4-24(b)所示。

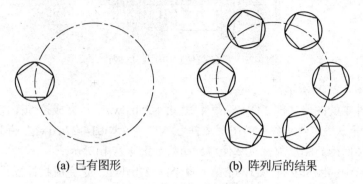

(a) 已有图形   (b) 阵列后的结果

图 4-24 阵列操作 2

本书下载文件中的图形文件"DWG\第 4 章\图 4-24b.dwg"是完成环形阵列操作后的图形。

4.8 拉伸对象

目的: 熟悉 AutoCAD 2022 的拉伸功能。

上机练习 16 打开本书下载文件中的图形文件"DWG\第 4 章\图 4-25a.dwg",得到如图 4-25(a) 所示的图形。将轴上尺寸为 145 的轴段拉长,拉伸后的结果如图 4-25(b)所示。

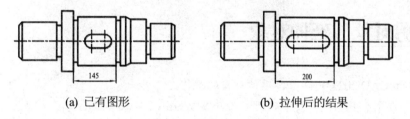

(a) 已有图形   (b) 拉伸后的结果

图 4-25 拉伸操作 1

操作步骤如下。

单击"修改"工具栏上的▣(拉伸)按钮,或执行"修改"|"拉伸"命令,即执行 STRETCH 命令,AutoCAD 提示:

> 以交叉窗口或交叉多边形选择要拉伸的对象...
> 选择对象:C↙
> 指定第一个角点:(指定矩形选择窗口的一个角点,参见图 4-26)
> 指定对角点:(指定矩形选择窗口的另一个角点,参见图 4-26)
> 选择对象:↙
> 指定基点或 [位移(D)] <位移>:(在绘图屏幕适当位置拾取一点)
> 指定第二个点或 <将第一个点用作位移>:@55,0↙

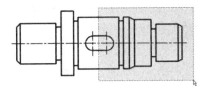

图4-26　确定拉伸窗口(阴影区域)

执行结果如图 4-25(b)所示。

本书下载文件中的图形文件"DWG\第 4 章\图 4-25b.dwg"是完成拉伸操作后的图形。

上机练习 17　打开本书下载文件中的图形文件"DWG\第 4 章\图 4-27a.dwg",得到如图 4-27(a)所示的图形。拉伸图形的相应部位,拉伸后的结果如图 4-27(b)所示。

本书下载文件中的图形文件"DWG\第 4 章\图 4-27b.dwg"是完成拉伸操作后的图形。

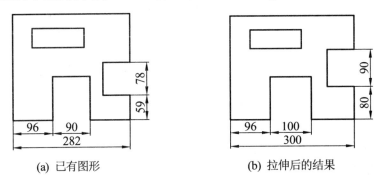

(a) 已有图形　　　　　　　　　　　(b) 拉伸后的结果

图 4-27　拉伸操作 2

4.9　修剪对象与延伸对象

目的：熟悉 AutoCAD 2022 的修剪、延伸对象的操作。

上机练习 18　打开本书下载文件中的图形文件"DWG\第 4 章\图 4-28a.dwg",得到如图 4-28(a)所示的图形。对其进行修剪操作,修剪后的结果如图 4-28(b)所示。

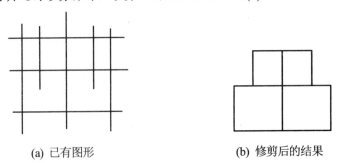

(a) 已有图形　　　　　　　　　　　(b) 修剪后的结果

图 4-28　修剪操作 1

操作步骤如下。

单击"修改"工具栏上的 ⁂(修剪)按钮,或执行"修改"|"修剪"命令,即执行 TRIM

命令，AutoCAD 提示：

> 选择剪切边...
> 选择对象或[模式(O)] <全部选择>:(选择位于最上方的水平线和位于上方的两条短垂直线，如图 4-29
> 所示。虚线表示被选中的对象，小叉用于说明后续的操作)
> 选择对象:✓
> 选择要修剪的对象，或按住 Shift 键选择要延伸的对象，或
> [剪切边(T)/栏选(F)/窗交(C)/模式(O)/投影(P)/边(E)/删除(R)]:(在图 4-29 中，依次在有小叉的位置拾取对
> 应的直线)
> 选择要修剪的对象，或按住 Shift 键选择要延伸的对象，或
> [剪切边(T)/栏选(F)/窗交(C)/模式(O)/投影(P)/边(E)/删除(R)]:✓

执行修剪操作后的结果如图 4-30 所示。

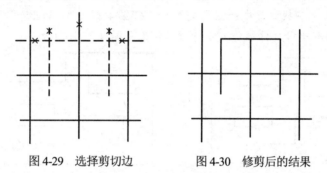

图 4-29 选择剪切边   图 4-30 修剪后的结果

再次执行 TRIM 命令，用类似的方法修剪其他部位，即可得到如图 4-28(b)所示的图形。

说明：

上述操作示例中，之所以分几次执行 TRIM 命令进行修剪，是为了更加清晰地阐述操作方法。在实际操作中，通过执行一次 TRIM 命令即可完成全部的修剪操作。在"选择对象或 <全部选择>:"提示下直接按 Enter 键，即可选择全部对象作为修剪边。一个图形对象既可以作为修剪边，又可以作为被修剪对象。

本书下载文件中的图形文件"DWG\第 4 章\图 4-28b.dwg"是完成修剪操作后的图形。

上机练习 19 打开本书下载文件中的图形文件"DWG\第 4 章\图 4-31a.dwg"，得到如图 4-31(a)所示的图形。对该图形执行修剪操作，修剪后的结果如图 4-31(b)所示。

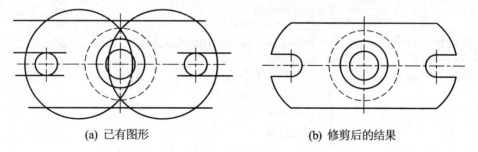

(a) 已有图形   (b) 修剪后的结果

图 4-31 修剪操作 2

本书下载文件中的图形文件"DWG\第 4 章\图 4-31b.dwg"是完成修剪操作后的图形。

上机练习 20 打开本书下载文件中的图形文件"DWG\第 4 章\图 4-32a.dwg"，得到如图 4-32(a)所示的图形。对该图形执行修剪操作，修剪后的结果如图 4-32(b)所示。

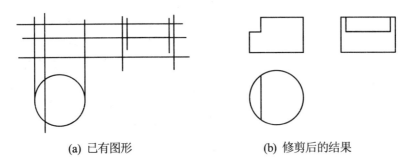

(a) 已有图形　　　　　　　　(b) 修剪后的结果

图 4-32　修剪操作 3

本书下载文件中的图形文件"DWG\第 4 章\图 4-32b.dwg"是完成修剪操作后的图形。

上机练习 21　打开本书下载文件中的图形文件"DWG\第 4 章\图 4-33a.dwg",得到如图 4-33(a)所示的图形。对该图形执行延伸操作,延伸后的结果如图 4-33(b)所示。

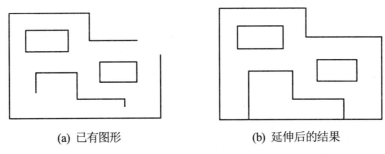

(a) 已有图形　　　　　　　　(b) 延伸后的结果

图 4-33　延伸操作

操作步骤如下。

单击"修改"工具栏上的 ■(延伸)按钮,或执行"修改"|"延伸"命令,即执行 EXTEND 命令,AutoCAD 提示:

```
选择边界边...
选择对象或[模式(O)]<全部选择>:(选择对应的边界边,如图 4-34 中由虚线表示的对象所示)
选择对象:↙
选择要延伸的对象,或按住 Shift 键选择要修剪的对象,或
[边界边(B)栏选(F)/窗交(C)/模式(O)/投影(P)/边(E)]:E↙
输入隐含边延伸模式 [延伸(E)/不延伸(N)] <不延伸>:E↙
选择要延伸的对象,或按住 Shift 键选择要修剪的对象,或
[边界边(B)栏选(F)/窗交(C)/模式(O)/投影(P)/边(E)/放弃(U)]:(依次选择延伸对象)
选择要延伸的对象,或按住 Shift 键选择要修剪的对象,或
[边界边(B)栏选(F)/窗交(C)/模式(O)/投影(P)/边(E)/放弃(U)]:↙
```

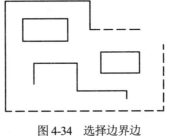

图 4-34　选择边界边

说明：

选择延伸对象时，需要在要延伸对象的端部附近选择对象。如果本例没有进行将"边(E)"选项设为"延伸(E)"的操作，则不能延伸右上角的两条直线(但默认是"延伸(E)"设置)。另外，一个图形对象既可以作为边界边，也可以作为被延伸对象。

本书下载文件中的图形文件"DWG\第 4 章\图 4-33b.dwg"是完成延伸操作后的图形。

上机练习 22 打开本书下载文件中的图形文件"DWG\第 4 章\图 4-35a.dwg"，得到如图 4-35(a)所示的图形。对其执行修剪和延伸操作，结果如图 4-35(b)所示。

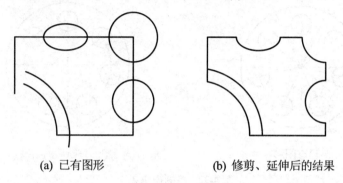

(a) 已有图形   (b) 修剪、延伸后的结果

图 4-35   修剪、延伸操作

说明：

当执行 TRIM 命令进行修剪时，按下 Shift 键执行延伸操作；当执行 EXTEND 命令进行延伸时，按下 Shift 键执行修剪操作。

本书下载文件中的图形文件"DWG\第 4 章\图 4-35b.dwg"是完成修剪、延伸操作后的图形。

4.10 打断对象

目的：熟悉 AutoCAD 2022 的打断对象的操作。

上机练习 23 打开本书下载文件中的图形文件"DWG\第 4 章\图 4-36a.dwg"，得到如图 4-36(a)所示的图形。对其执行打断操作，打断后的结果如图 4-36(b)所示。

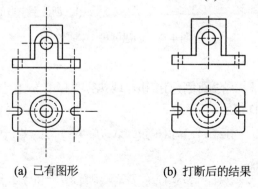

(a) 已有图形   (b) 打断后的结果

图 4-36   打断操作 1

提示:

为了方便操作,在执行 BREAK 命令前,如果状态栏上的▨ (将光标捕捉到二维参照点)按钮显示为蓝色,应先单击该按钮使其变灰,即关闭对象的自动捕捉功能。

本书下载文件中的图形文件"DWG\第 4 章\图 4-36b.dwg"是完成打断操作后的图形。

上机练习 24 打开本书下载文件中的图形文件"DWG\第 4 章\图 4-37a.dwg",得到如图 4-37(a)所示的图形。对其执行打断操作,打断后的结果如图 4-37(b)所示。

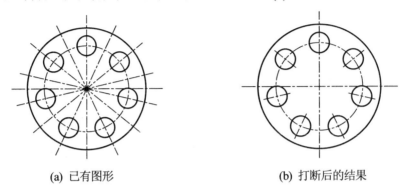

(a) 已有图形　　　　　　　　　　　(b) 打断后的结果

图 4-37　打断操作 2

本书下载文件中的图形文件"DWG\第 4 章\图 4-37b.dwg"是完成打断操作后的图形。

4.11　创建倒角与圆角

目的: 熟悉利用 AutoCAD 2022 创建倒角与圆角的操作方法。

上机练习 25 打开本书下载文件中的图形文件"DWG\第 4 章\图 4-38a.dwg",得到如图 4-38(a)所示的图形。对其创建倒角,结果如图 4-38(b)所示。

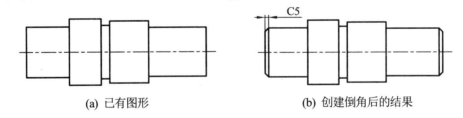

(a) 已有图形　　　　　　　　　　　(b) 创建倒角后的结果

图 4-38　创建倒角

操作步骤如下。

(1) 单击"修改"工具栏上的▨(倒角)按钮,或执行"修改" | "倒角"命令,即执行CHAMFER 命令,AutoCAD 提示:

```
选择第一条直线或 [放弃(U)/多段线(P)/距离(D)/角度(A)/修剪(T)/方式(E)/多个(M)]:D↙
指定第一个倒角距离:5↙
指定第二个倒角距离<5.0000>:↙
选择第一条直线或 [放弃(U)/多段线(P)/距离(D)/角度(A)/修剪(T)/方式(E)/多个(M)]:M↙
```

选择第一条直线或 [放弃(U)/多段线(P)/距离(D)/角度(A)/修剪(T)/方式(E)/多个(M)]:(选择要倒角的一条直线)
选择第二条直线，或按住 Shift 键选择要应用角点的直线或 [距离(D)/角度(A)/方法(M)]:(选择与其相邻的另一条倒角边)
选择第一条直线或 [放弃(U)/多段线(P)/距离(D)/角度(A)/修剪(T)/方式(E)/多个(M)]:(在此提示下继续选择倒角对象)
选择第二条直线，或按住 Shift 键选择要应用角点的直线或 [距离(D)/角度(A)/方法(M)]:(选择相邻倒角对象)
……
选择第一条直线或 [放弃(U)/多段线(P)/距离(D)/角度(A)/修剪(T)/方式(E)/多个(M)]:↙

执行结果如图 4-39 所示。

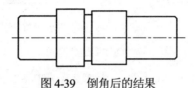

图 4-39 倒角后的结果

(2) 绘制直线

执行 LINE 命令，在倒角位置绘制对应的直线。

本书下载文件中的图形文件"DWG\第 4 章\图 4-38b.dwg"是创建倒角后的图形。

上机练习 26 打开本书下载文件中的图形文件"DWG\第 4 章\图 4-40a.dwg"，得到如图 4-40(a)所示的图形。对其创建圆角，其中圆角半径为 10。创建圆角后的结果如图 4-40(b)所示。

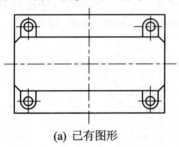 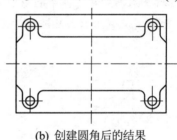

(a) 已有图形   (b) 创建圆角后的结果

图 4-40 创建圆角

操作步骤如下。

单击"修改"工具栏上的■(圆角)按钮，或执行"修改"|"圆角"命令，即执行 FILLET 命令，AutoCAD 提示:

选择第一个对象或 [放弃(U)/多段线(P)/半径(R)/修剪(T)/多个(M)]: R↙
指定圆角半径: 10↙
选择第一个对象或 [放弃(U)/多段线(P)/半径(R)/修剪(T)/多个(M)]: M↙
选择第一个对象或 [放弃(U)/多段线(P)/半径(R)/修剪(T)/多个(M)]:(选择要创建圆角的一个对象)
选择第二个对象，或按住 Shift 键选择要应用角点的对象或 [半径(R)]:(选择要创建圆角的相邻对象)
选择第一个对象或 [放弃(U)/多段线(P)/半径(R)/修剪(T)/多个(M)]:(选择要创建圆角的一个对象)
选择第二个对象，或按住 Shift 键选择要应用角点的对象或 [半径(R)]:(选择要创建圆角的相邻对象)
……
选择第一个对象或 [放弃(U)/多段线(P)/半径(R)/修剪(T)/多个(M)] ↙

本书下载文件中的图形文件"DWG\第 4 章\图 4-40b.dwg"是创建圆角后的图形。

上机练习27 打开本书下载文件中的图形文件"DWG\第4章\图 4-41a.dwg",得到如图 4-41(a)所示的图形。对其创建倒角和圆角,其中倒角尺寸是 5×45°,圆角半径是 8。创建倒角、圆角后的结果如图 4-41(b)所示。

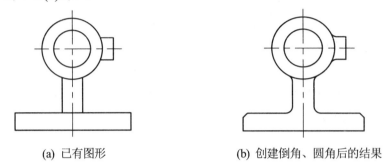

(a) 已有图形   (b) 创建倒角、圆角后的结果

图 4-41　创建倒角和圆角

本书下载文件中的图形文件"DWG\第4章\图 4-41b.dwg"是创建倒角和圆角后的图形。

4.12　利用夹点功能编辑图形

目的: 掌握利用夹点功能编辑图形对象的操作方法。

上机练习28 打开本书下载文件中的图形文件"DWG\第4章\图 4-42a.dwg",得到如图 4-42(a)所示的图形。利用夹点功能修改中心线的长度,修改后的结果如图 4-42(b)所示。

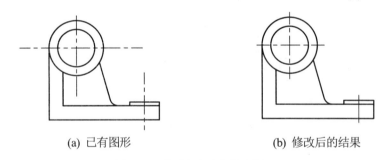

(a) 已有图形   (b) 修改后的结果

图 4-42　利用夹点功能修改图形 1

操作步骤如下。

(1) 为使操作有效,首先,关闭对象自动捕捉功能,通过单击状态栏上的■(将光标捕捉到二维参照点)按钮,使其变黑即可。由于被操作对象均为水平线或垂直线,因此启用正交功能,即通过单击状态栏上的■(正交限制光标)按钮的方式使其变蓝。

(2) 单击水平中心线,中心线上显示出 3 个夹点,如图 4-43 所示。

选择左夹点作为操作点。操作方法为:将光标移至左夹点处,单击左键,此时 AutoCAD 提示:

```
** 拉伸 **
指定拉伸点或 [基点(B)/复制(C)/放弃(U)/退出(X)]:
```

同时被选择的操作点以另一种颜色显示(通常是红色)。向右拖动光标，使水平中心线左端点位于所需的位置，然后单击鼠标拾取键，结果如图 4-44 所示。

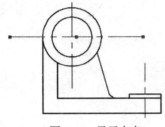 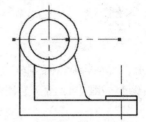

图 4-43　显示夹点　　　　　　　　图 4-44　调整左端点位置后的结果

说明：

如果用户执行上述拖动、单击操作后，水平中心线的左端点的位置却没有改变，或者新位置并不是单击左键时直线端点所在的位置，其原因很可能是没有关闭对象自动捕捉功能。可通过单击█(将光标捕捉到二维参照点)按钮使其变黑，实现关闭对象自动捕捉功能。

再选择右夹点作为操作点，向左拖动水平中心线的右端点，使其位于所需的位置后单击左键，操作结果如图 4-45 所示。

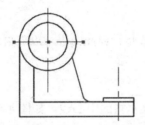

图 4-45　调整右端点位置后的结果

(3) 用类似的方法调整其他中心线的长度，最终结果如图 4-42(b)所示。

本书下载文件中的图形文件"DWG\第 4 章\图 4-42b.dwg"是修改后的图形。

说明：

在图形中显示夹点后，按 Esc 键可使夹点不再显示。另外，如果将夹点功能与其他功能(如打断等)结合使用，绘图效率将会更高。

上机练习29　打开本书下载文件中的图形文件"DWG\第 4 章\图 4-46a.dwg"，得到如图 4-46(a)所示的图形。利用夹点功能修改图形，修改后的结果如图 4-46(b)所示。

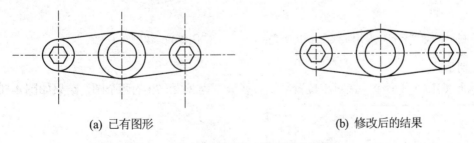

(a) 已有图形　　　　　　　　　　　(b) 修改后的结果

图 4-46　利用夹点功能修改图形 2

本书下载文件中的图形文件"DWG\第4章\图4-46b.dwg"是修改后的图形。

4.13 综合练习

目的： 综合运用各种编辑命令绘制较为复杂的图形。

上机练习30 绘制如图 4-47 所示的图形。

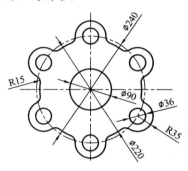

图 4-47 练习图 1

说明：

由于还没有介绍如何设置绘图线型，因此读者可以暂用实线表示中心线等线型。

操作步骤如下。

(1) 绘制中心线

执行 LINE 命令，绘制两条相互垂直的中心线，如图 4-48 所示(过程略)。

(2) 绘制圆

执行 CIRCLE 命令，绘制如图 4-47 中直径分别为 90、220 和 240 的 3 个圆，结果如图 4-49 所示。

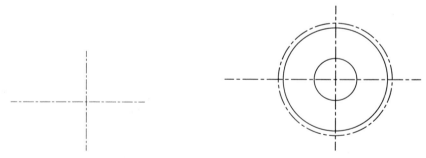

图 4-48 绘制中心线(读者可以暂用实线表示中心线)　　　图 4-49 绘制圆 1

(3) 绘制小圆

继续执行 CIRCLE 命令，在对应位置绘制直径分别为 36 和 70 的两个圆，结果如图 4-50 所示。

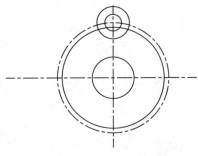

图 4-50　绘制圆 2

(4) 修剪

执行 TRIM 命令，AutoCAD 提示：

选择对象或[模式(O)] <全部选择>:(选择直径为 220 的圆和直径为 70 的圆)
选择对象:✓
选择要修剪的对象，或按住 Shift 键选择要延伸的对象，或
[剪切边(T)/栏选(F)/窗交(C)/模式(O)/投影(P)/边(E)/删除(R)]:(在直径为 220 的圆内，拾取直径为 70 的圆)
选择要修剪的对象，或按住 Shift 键选择要延伸的对象，或
[剪切边(T)/栏选(F)/窗交(C)/模式(O)/投影(P)/边(E)/删除(R)]:(在直径为 70 的圆内，拾取直径为 220 的圆)
选择要修剪的对象，或按住 Shift 键选择要延伸的对象，或
[剪切边(T)/栏选(F)/窗交(C)/模式(O)/投影(P)/边(E)/删除(R)]:✓

结果如图 4-51 所示。

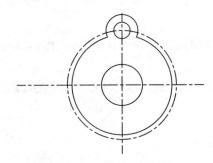

图 4-51　修剪后的结果

(5) 创建圆角

执行 FILLET 命令，AutoCAD 提示：

选择第一个对象或 [放弃(U)/多段线(P)/半径(R)/修剪(T)/多个(M)]: R✓
指定圆角半径: 15✓
选择第一个对象或 [放弃(U)/多段线(P)/半径(R)/修剪(T)/多个(M)]: M✓
选择第一个对象或 [放弃(U)/多段线(P)/半径(R)/修剪(T)/多个(M)]:(选择要创建圆角的一条圆弧)
选择第二个对象，或按住 Shift 键选择要应用角点的对象或 [半径(R)]:(选择相邻圆弧)
选择第一个对象或 [放弃(U)/多段线(P)/半径(R)/修剪(T)/多个(M)]:(选择要创建圆角的另一条圆弧)
选择第二个对象，或按住 Shift 键选择要应用角点的对象或 [半径(R)]:(选择相邻圆弧)
选择第一个对象或 [放弃(U)/多段线(P)/半径(R)/修剪(T)/多个(M)]:✓

结果如图 4-52 所示。

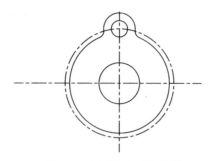

图 4-52　创建圆角后的结果

(6) 环形阵列

执行"修改"|"阵列"|"环形阵列"命令,如图 4-53 所示,对图 4-52 中位于上方的图形进行环形阵列,结果如图 4-54 所示。

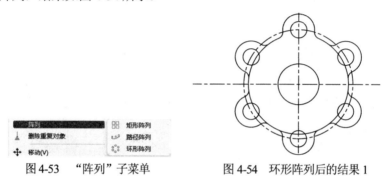

图 4-53　"阵列"子菜单　　　　　图 4-54　环形阵列后的结果 1

(7) 修剪

对图 4-54 进一步修剪(修剪时要以各小圆角作为剪切边),修剪后的结果如图 4-55 所示。

(8) 整理

利用夹点功能调整两条中心线的长度,然后环形阵列中心线,结果如图 4-56 所示。

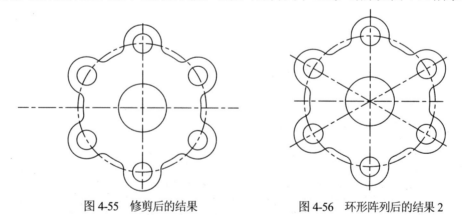

图 4-55　修剪后的结果　　　　　图 4-56　环形阵列后的结果 2

本书下载文件中的图形文件"DWG\第 4 章\图 4-47.dwg"提供了对应的图形。

上机练习 31　绘制如图 4-57 所示的图形。

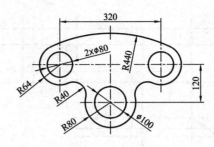

图 4-57　练习图 2

本书下载文件中的图形文件"DWG\第 4 章\图 4-57.dwg"提供了对应的图形。

上机练习 32　绘制如图 4-58 所示的图形。

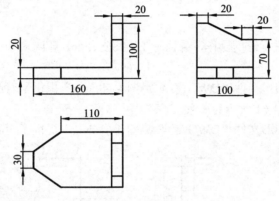

图 4-58　练习图 3

操作步骤如下。

绘制如图 4-58 所示的图形有多种方法，下面介绍其中的一种。

(1) 绘制平行线

参照图 4-58，绘制一系列水平线和垂直线(或构造线)，结果如图 4-59 所示(图中给出了主要参考尺寸)。用户可以通过复制或偏移的方法绘制指定距离的平行线。

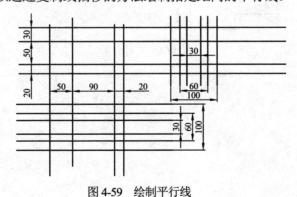

图 4-59　绘制平行线

(2) 绘制斜线

参照图 4-58，绘制对应的斜线，结果如图 4-60 所示。

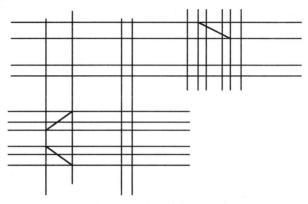

图 4-60 绘制斜线

(3) 修剪、删除

执行 TRIM 命令，进行修剪操作，并执行 ERASE 命令，删除多余的直线，即可得到如图 4-58 所示的图形。

本书下载文件中的图形文件"DWG\第 4 章\图 4-58.dwg"提供了对应的图形。

上机练习 33 绘制如图 4-61 所示的图形。

本书下载文件中的图形文件"DWG\第 4 章\图 4-61.dwg"提供了对应的图形。

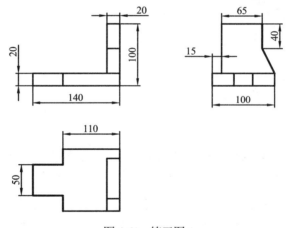

图 4-61 练习图 4

第 5 章

图　层

5.1　创建图层

目的：熟悉 AutoCAD 2022 的图层功能，以及线型、线宽和颜色等特性。

上机练习 1　打开本书下载文件中的图形文件"DWG\第 2 章\A4.dwg"，按照表 5-1 所示的图层设置要求对其创建图层。

表 5-1　图层设置要求

图　层　名	线　　型	颜　色
粗实线	Continuous	白色
细实线	Continuous	蓝色
点画线	CENTER	红色
虚线	DASHED	黄色
波浪线	Continuous	青色
双点画线	DIVIDE	洋红
文字	Continuous	绿色
辅助线	Continuous	绿色

操作步骤如下。

(1) 单击"图层"工具栏上的 按钮，或执行"格式"|"图层"命令，即执行 LAYER 命令，打开图层特性管理器，如图 5-1 所示。

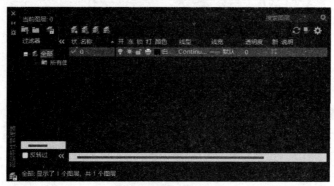

图 5-1　图层特性管理器 1

单击 8 次 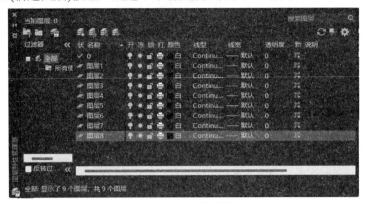(新建图层)按钮，创建 8 个新图层，如图 5-2 所示。

图 5-2　创建 8 个新图层

(2) 将如图 5-2 所示窗口中的"图层 1"图层改为表 5-1 中要求的"点画线"图层。

① 更改图层名

在如图 5-2 所示的窗口中，选中"图层 1"行，然后单击图层名"图层 1"，使该图层名处于编辑状态，然后在文本框中输入"点画线"，结果如图 5-3 所示。

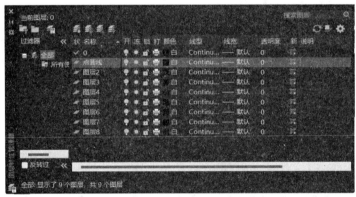

图 5-3　更改图层名

② 更改颜色

在图 5-3 所示的窗口中，单击"点画线"行的"白"选项，打开"选择颜色"对话框，从中选择"红"选项，如图 5-4 所示。

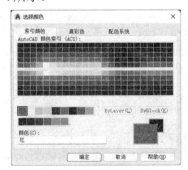

图 5-4　"选择颜色"对话框

单击"确定"按钮，完成颜色的设置，如图 5-5 所示。

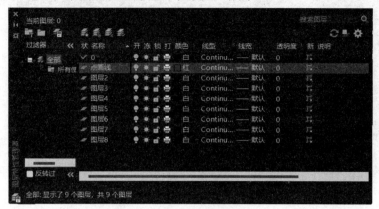

图 5-5 更改颜色

③ 更改线型

在图 5-5 所示的窗口中，单击"点画线"行的 Continuous 选项，打开如图 5-6 所示的"选择线型"对话框。

单击该对话框中的"加载"按钮，打开"加载或重载线型"对话框，从中选择 CENTER 线型，如图 5-7 所示。

图 5-6 "选择线型"对话框 1

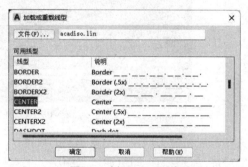

图 5-7 选择 CENTER 线型

单击"确定"按钮，返回"选择线型"对话框，如图 5-8 所示。

图 5-8 "选择线型"对话框 2

从中选中线型 CENTER 并单击"确定"按钮，返回图层特性管理器，为"点画线"图层设置线型，如图 5-9 所示。

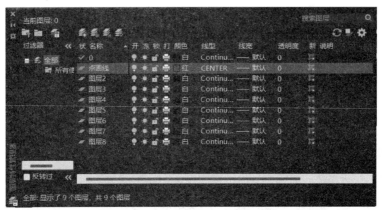

图 5-9　图层特性管理器 2

(3) 用类似方法设置其他图层，结果如图 5-10 所示。

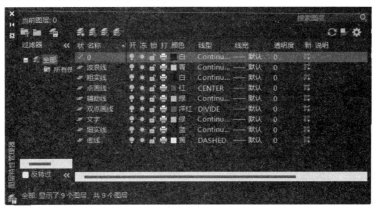

图 5-10　设置其他图层的特性

关闭图层特性管理器，完成图层的设置。

完成图层设置后，即可通过"图层"工具栏上的图层下拉列表查看这些图层，如图 5-11 所示。

图 5-11　"图层"工具栏及"图层"下拉列表

本书下载文件中的图形文件"DWG\第 5 章\A4.dwg"是设置有对应图层的 A4 幅面空白图形。

上机练习 2　打开本书下载文件中的图形文件"DWG\第 2 章\A3.dwg"，对其创建如表 5-1 所示的图层。

说明：

本书下载文件中的图形文件 "DWG\第 5 章\A0.dwg" "DWG\第 5 章\A1.dwg" "DWG\第 5 章\A2.dwg" "DWG\第 5 章\A3.dwg" 和 "DWG\第 5 章\A4.dwg" 分别是设置有对应图层的 A0、A1、A2、A3 和 A4 幅面的空白图形。

5.2　使用图层

上机练习 3　按表 5-1 所示的要求创建图层，并绘制如图 5-12 所示的图形。

操作步骤如下。

(1) 创建图层

参照本章的上机练习 1，根据表 5-1 创建图层(过程略)。

读者也可以打开本书下载文件中的图形文件 "DWG\第 5 章\A4.dwg"，在其基础上绘制如图 5-12 所示的图形。因为本书下载文件中的图形文件 "DWG\第 5 章\A4.dwg" 已经提供了对应的图层，所以绘制完成后换名保存图形即可。

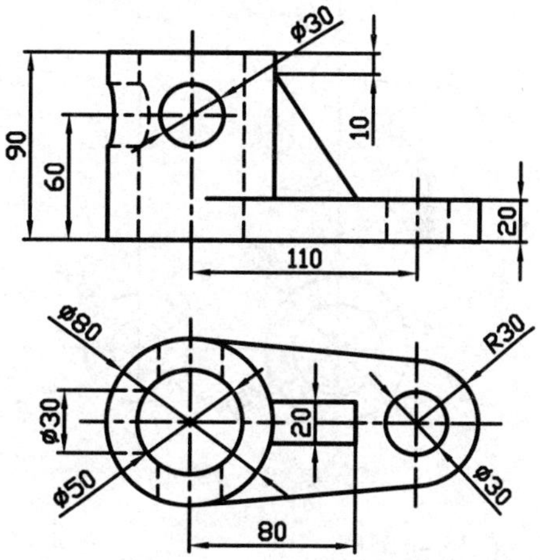

(2) 绘制图形

① 绘制中心线

将"点画线"图层设为当前图层。

说明：

将"点画线"图层(或其他图层)设为当前图层的简便方法是：在"图层"工具栏的图层下拉列表中选择"点画线"图层(或其他图层)，如图 5-13 所示。

执行 LINE 命令，绘制如图 5-14 所示的中心线(过程略)。

图 5-12　练习图 1

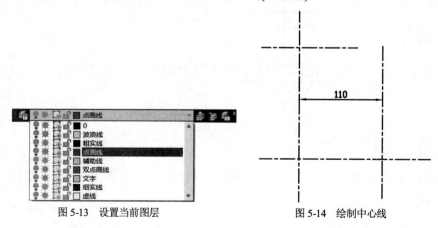

图 5-13　设置当前图层　　　　图 5-14　绘制中心线

说明：

近似确定两条水平中心线的位置即可。如果绘图过程中发现这两条中心线之间的距离太近或太远，可以执行 MOVE 命令移动某一条中心线以及对应的图形。对于距离为 110 的垂直平行线，可以先绘制其中的一条垂直中心线，然后通过偏移的方式得到另一条垂直中心线。

② 绘制圆

将"粗实线"图层设为当前层。执行 CIRCLE 命令，绘制圆，如图 5-15 所示。

③ 偏移

执行 OFFSET 命令，偏移复制相关的中心线，偏移复制后的结果如图 5-16 所示。

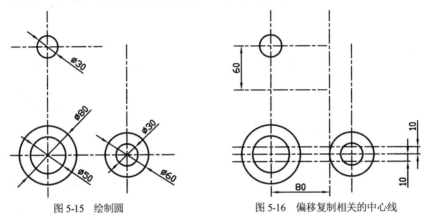

图 5-15　绘制圆　　　　　　　　　图 5-16　偏移复制相关的中心线

④ 更改图层

将在步骤③中得到的中心线更改到"粗实线"图层。操作方法为：选中对应的中心线，然后从如图 5-13 所示的"图层"工具栏的图层下拉列表中选择"粗实线"图层。更改后的结果如图 5-17 所示。

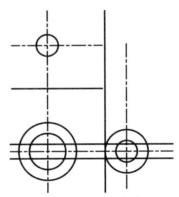

图 5-17　更改图层后的结果

⑤ 绘制直线和切线

在"粗实线"图层，执行 LINE 命令(或 OFFSET 命令)，绘制相应的直线和切线，结果如图 5-18 所示。

说明：

近似确定出切线的切点位置即可。本书第 6 章将介绍如何准确地绘制切线。

⑥ 修剪和删除

参照图 5-12，对图 5-18 进行修剪、删除操作，结果如图 5-19 所示。

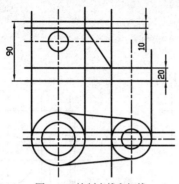

图 5-18　绘制直线和切线

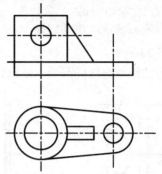

图 5-19　执行修剪、删除操作后的结果 1

⑦ 绘制虚线和辅助线

将"虚线"图层设为当前图层，绘制相应的虚线和辅助线(辅助线将用于确定主视图中的切线断点位置)，结果如图 5-20 所示。

⑧ 修剪和删除

参照图 5-12，执行 TRIM 命令，对图 5-20 进行修剪操作，并删除多余的辅助线，结果如图 5-21 所示。

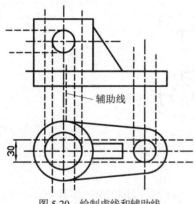

图 5-20　绘制虚线和辅助线

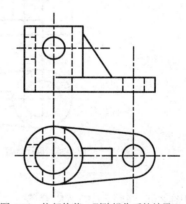

图 5-21　执行修剪、删除操作后的结果 2

⑨ 绘制辅助线

在图 5-21 的对应位置绘制辅助线，结果如图 5-22 所示。

⑩ 绘制椭圆弧

用椭圆弧近似表示相贯线(也可以用圆弧近似表示)。下面以绘制外侧的椭圆弧为例来进行说明，图 5-23 是局部放大图，以便进行操作说明。

仍将"粗实线"图层设为当前图层。执行"绘图"|"椭圆"|"圆弧"命令，AutoCAD 提示：

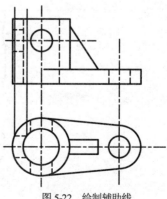

图 5-22　绘制辅助线

指定椭圆弧的轴端点或 [中心点(C)]:(拾取 1 点)
指定轴的另一个端点:(拾取 2 点)
指定另一条半轴长度或 [旋转(R)]:(拾取 3 点)
指定起始角度或 [参数(P)]: 0✓
指定终止角度或 [参数(P)/夹角(I)]: 180✓

结果如图 5-24 所示。

用类似的方法绘制虚线椭圆弧,结果如图 5-25 所示。

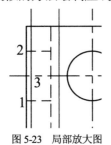
图 5-23 局部放大图

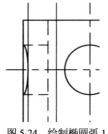
图 5-24 绘制椭圆弧 1

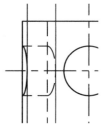
图 5-25 绘制椭圆弧 2

⑪ 修剪和删除

对图 5-25 进一步进行修剪操作,删除多余直线,得到如图 5-26 所示的图形。

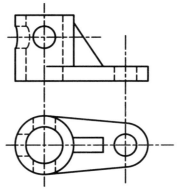
图 5-26 执行修剪、删除操作后的结果 3

(3) 调整

在两个视图之间,执行 BREAK 命令,在主、俯视图之间打断两条垂直中心线,并利用夹点功能调整各中心线的位置,最终结果如图 5-27 所示。至此,完成了图形的绘制。

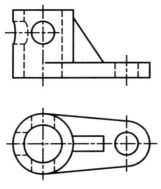
图 5-27 调整后的结果

本书下载文件中的图形文件"DWG\第 5 章\图 5-12.dwg"提供了本例的图形。

上机练习 4　绘制如图 5-28 所示的图形。

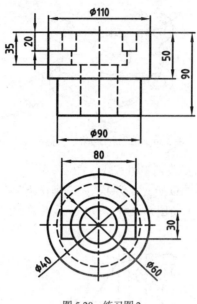

图 5-28　练习图 2

本书下载文件中的图形文件"DWG\第 5 章\图 5-28.dwg"提供了本例的图形。

上机练习 5　打开本书下载文件中的图形文件"DWG\第 5 章\图 5-29a.dwg",得到如图 5-29(a)所示的图形,该图均默认在图层 0 上绘制。根据表 5-1 所示的要求创建新图层,并将图中各对应对象更改到对应的图层中。

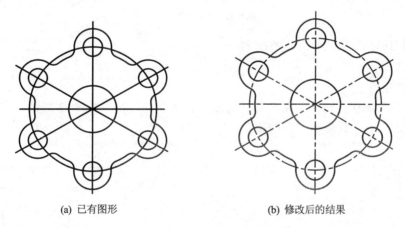

(a) 已有图形　　　　　　　　　　　(b) 修改后的结果

图 5-29　修改图层

操作步骤如下。

(1) 创建新图层

根据表 5-1 所示的要求创建图层(过程略)。

(2) 更改图层

在图5-29(a)中,选中所有表示中心线的直线和外侧大圆,然后在与图 5-13 类似的下拉列表中选择"点画线"图层，即可将它们更改到相应图层，结果如图 5-30 所示。

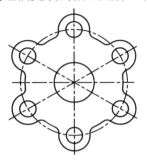

图 5-30　更改到"点画线"图层

用类似的方法，将其他对象更改到"粗实线"图层。

本书下载文件中的图形文件"DWG\第 5 章\图 5-29b.dwg"提供了更改图层后的图形。

上机练习 6　打开本书下载文件中的图形文件"DWG\第 5 章\图 5-12.dwg"，得到如图 5-31 所示的图形。

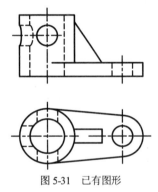

图 5-31　已有图形

执行关闭与冻结等操作，并观察结果。

操作步骤如下。

(1) 关闭图层

关闭"虚线"图层，结果如图 5-32 所示。关闭方法为：在与图 5-13 类似的图层下拉列表中单击"虚线"行小灯图标💡，使其变为灰色即可。

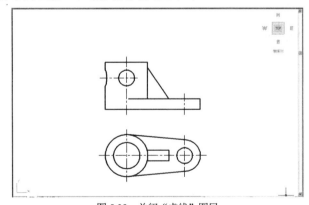

图 5-32　关闭"虚线"图层

(2) 移动

执行 MOVE 命令，AutoCAD 提示：

选择对象: ALL(注意，选择 ALL 选项选择全部对象)
选择对象:↙
指定基点或 [位移(D)] <位移>:(拾取一点作为移动基点)
指定第二个点或 <使用第一个点作为位移>:(拖动鼠标动态移动图形，将图形移到适当位置后单击鼠标拾取键)

结果如图 5-33 所示。

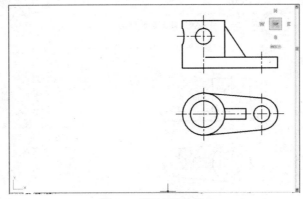

图 5-33　移动后的结果 1

(3) 打开图层

通过图层下拉列表打开"虚线"图层，显示结果如图 5-34 所示。

从图 5-34 可以看出，位于关闭图层上的图形对象也随着原对象一起移动。

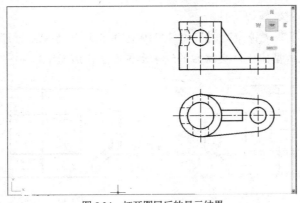

图 5-34　打开图层后的显示结果

(4) 冻结图层

冻结"虚线"图层，得到的结果与图 5-33 类似。

(5) 再次执行 MOVE 命令，再从当前位置向另一位置移动图形(移动时要选择 ALL 选项选择全部图形)，移动后的结果如图 5-35 所示。

(6) 解冻图层

将"虚线"图层解冻，得到如图 5-36 所示的图形。

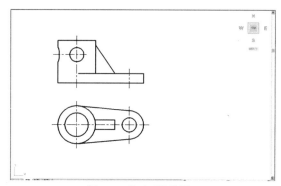

图 5-35　移动后的结果 2

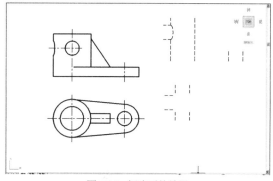

图 5-36　解冻后的结果

从图 5-36 中可以看出，虽然显示的图形已被移动，但冻结的虚线图形仍然保留在原来的位置，没有随原图形移动。

读者还可以练习锁定、解锁等功能。

上机练习7　打开本书下载文件中的图形文件"DWG\第 5 章\图 5-37a.dwg"，得到如图 5-37(a)所示的图形。对其更改线型比例，更改后的结果如图 5-37(b)所示。

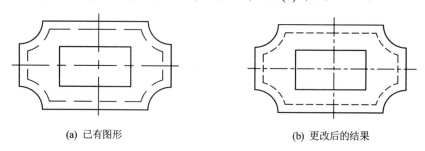

(a) 已有图形　　　　　　　　　　　　　(b) 更改后的结果

图 5-37　练习图 3

操作步骤如下。

打开图形后，执行 LTSCALE 命令，AutoCAD 提示：

输入新线型比例因子 <2.0000>: 0.8✓

结果如图 5-37(b)所示。

本书下载文件中的图形文件"DWG\第 5 章\图 5-37b.dwg"是更改线型比例后的图形。

第6章

图形显示控制、精确绘图

6.1 图形显示缩放与移动

目的： 了解 AutoCAD 2022 的图形显示缩放与移动功能。

学习本节的内容需要使用 AutoCAD 2022 的"标准"工具栏中的相应按钮，特别是如图 6-1 所示的弹出工具栏(位于"标准"工具栏，在此称该工具栏为"缩放式弹出工具栏")上的按钮。

图 6-1　弹出工具栏

说明：

在"标准"工具栏中，通过鼠标在可引出弹出工具栏的按钮(位于 ⊞ 按钮和 ⌖ 按钮之间的按钮)上按下鼠标左键不松开，会弹出如图 6-1 所示的弹出工具栏，从中选择某一按钮，可执行相应的命令，同时被选择的按钮会显示在"标准"工具栏中。

上机练习 1 打开本书下载文件中的图形文件"DWG\第 12 章\图 12-24.dwg"，对其进行显示缩放、平移等操作。

操作步骤如下。

打开图形文件"图 12-24.dwg"，如图 6-2 所示。

图中的粗虚线小矩形框由笔者绘制，仅用于下面的操作说明。

(1) 窗口缩放

单击缩放式弹出工具栏中的 ⬚(窗口缩放)按钮，AutoCAD 提示：

指定第一个角点:(拾取虚线矩形框的一个角点)
指定对角点:(拾取虚线矩形框的对角点)

执行结果如图 6-3 所示。

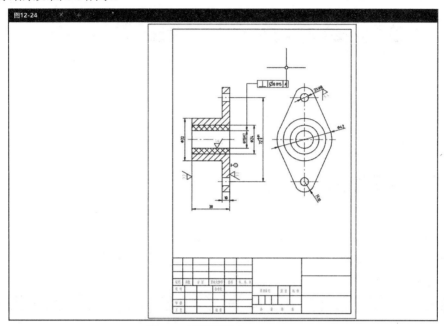

图 6-2　示例图形 db_samp.dwg

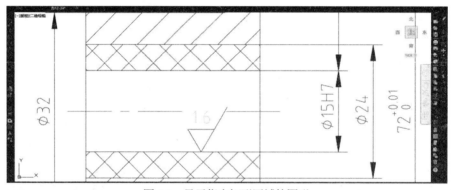

图 6-3　显示指定矩形区域的图形

(2) 实时缩放

单击"标准"工具栏中的 (实时缩放)按钮,即可在屏幕上出现一个放大镜光标,并提示:

按 Esc 或 Enter 键退出,或单击右键显示快捷菜单。

同时状态栏将显示:

按住拾取键并垂直拖动进行缩放。

此时按住左键,向下拖动鼠标,即可缩小图形(可以多次缩小),如图 6-4 所示。

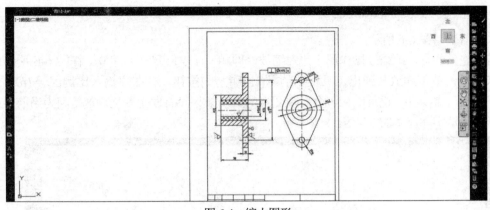

图 6-4 缩小图形

如果按住左键后向上拖动，则可以放大图形。

(3) 返回到前一个视图

单击"标准"工具栏中的 (缩放上一个)按钮，会返回到前一个视图，即如图 6-3 所示的图形。

用户可以多次单击 按钮，依次返回到前面显示的视图。

(4) 显示移动

单击"标准"工具栏中的 (实时平移)按钮，AutoCAD 会在屏幕上显示一个小手光标，并提示：

按 Esc 或 Enter 键退出，或单击右键显示快捷菜单。

同时在状态栏上提示：

按住拾取键并拖动进行平移。

此时按下鼠标拾取键，并向某一方向拖动鼠标，使图形向该方向移动，结果如图 6-5 所示。

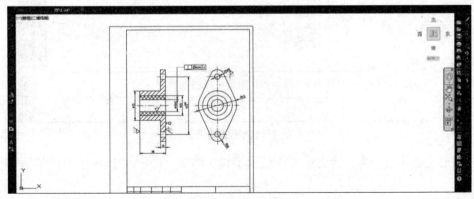

图 6-5 移动后的结果

(5) 按比例缩放

在图 6-5 所示的显示状态下，单击缩放式弹出工具栏中的 (比例缩放)按钮，AutoCAD 提示：

输入比例因子 (nX 或 nXP): 0.8✓

执行结果如图 6-6 所示。

需要注意的是，此缩放操作属于绝对缩放，即相对于实际尺寸的缩放。在图 6-6 所示的显示状态下，单击缩放式弹出工具栏中的█(比例缩放)按钮，并在"输入比例因子 (nX 或 nXP):"提示下输入 0.8 进行响应，会发现图形的显示效果没有发生变化，这是因为当前显示的图形已经是实际尺寸的 0.8 倍。

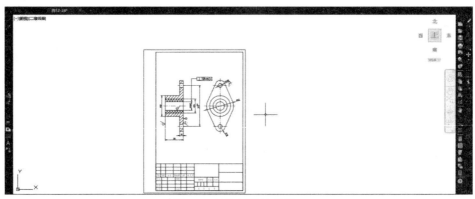

图 6-6　按比例缩放结果 1

在图 6-6 所示的显示状态下，再次单击缩放式弹出工具栏中的█(比例缩放)按钮，AutoCAD 提示：

输入比例因子 (nX 或 nXP): 0.8X✓ (注意，这里加有后缀 X)

执行结果如图 6-7 所示。

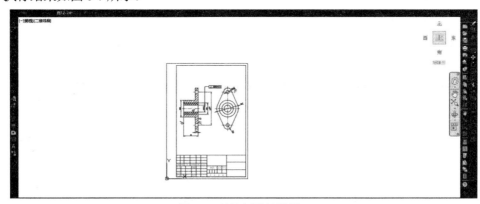

图 6-7　按比例缩放结果 2

此时图形又缩小了一半。因为此操作采用了相对缩放，即相对于当前显示图形再缩小一半。

用户还可以执行缩放、平移操作的其他选项，并观察操作结果，也可以通过对应的菜单执行缩放和平移操作。

上机练习 2　打开 AutoCAD 2022 的其他示例图形文件(位于 AutoCAD 2022 安装目录的 Sample 文件夹)，对它们进行显示缩放和显示平移等操作，并观察和比较操作结果。

6.2　栅格捕捉与栅格显示

目的： 掌握利用栅格显示和栅格捕捉功能辅助绘图的操作方法和技巧。

上机练习 3　利用栅格显示和栅格捕捉等功能绘制如图 6-8 所示的图形。

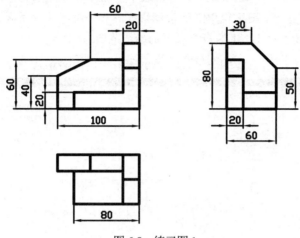

图 6-8　练习图 1

从图 6-8 可以看出，图形中各尺寸均为 10 的整数倍，因此可以利用栅格显示和栅格捕捉功能方便地绘制出该图形。

操作步骤如下。

(1) 绘图设置

执行"工具"|"绘图设置"命令，即执行 DSETTINGS 命令，打开"草图设置"对话框。在该对话框中的"捕捉和栅格"选项卡中，将栅格捕捉间距和栅格显示间距均设为 10，同时启用栅格捕捉与栅格显示功能，如图 6-9 所示。

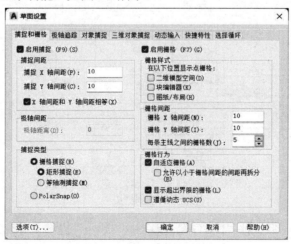

图 6-9　"捕捉和栅格"选项卡

说明:

设置栅格后,如果显示出的栅格区域较小,应执行"视图"|"缩放"|"全部"命令,使栅格线充满绘图屏幕。

说明:

在该对话框的"栅格行为"选项组中,如果选中"显示超出界限的栅格"复选框,启用栅格显示功能后,会在整个绘图窗口中显示出栅格线;如果没有选中该复选框,启用栅格显示功能后,栅格线只显示在由 LIMITS 命令设置的绘图范围内。

单击"确定"按钮,此时会在绘图屏幕上显示栅格线,如图 6-10 所示。

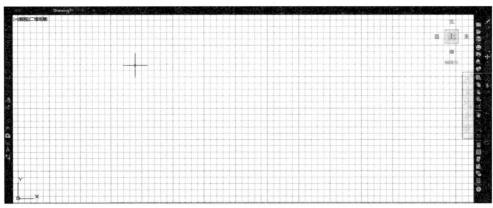

图 6-10 显示栅格线

(2) 绘图

利用栅格显示与栅格捕捉功能绘制如图 6-8 所示的图形后,结果如图 6-11 所示(为使图形清晰,用栅格点代替了栅格线)。由于启用了栅格捕捉功能,因此绘制图形时很容易就能确定各端点的位置。

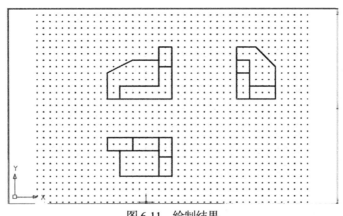

图 6-11 绘制结果

本书下载文件中的图形文件"DWG\第 6 章\图 6-8.dwg"提供了对应的绘图结果。

上机练习 4 利用栅格显示和栅格捕捉等功能,绘制如图 6-12 所示的图形。

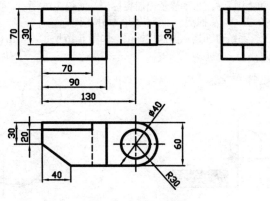

图 6-12　练习图 2

本书下载文件中的图形文件"DWG\第 6 章\图 6-12.dwg"提供了对应的绘图结果。

6.3　对象捕捉与对象自动捕捉

目的：掌握 AutoCAD 2022 的对象捕捉功能。利用对象捕捉功能，可以极大地提高绘图的效率与准确性。

为方便读者使用对象捕捉功能，可以打开如图 6-13 所示的对象捕捉工具栏。

图 6-13　对象捕捉工具栏

上机练习 5　打开本书下载文件中的图形文件"DWG\第 6 章\图 6-14a.dwg"，得到如图 6-14(a) 所示的图形。在该图基础上绘制其他图形，绘图结果如图 6-14(b)所示。其中斜线 BC 与位于下面的两个圆的切线平行。

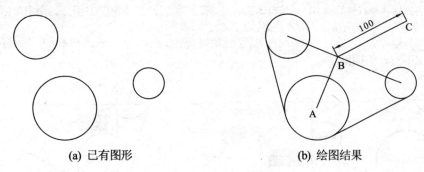

(a)　已有图形　　　　　　　　　　(b)　绘图结果

图 6-14　练习图 3

操作步骤如下。

(1) 绘制切线

执行 LINE 命令，AutoCAD 提示：

指定第一个点:(单击"对象捕捉"工具栏中的 ⊙ 按钮)

_tan 到(将光标移至右侧的圆上，系统自动显示出捕捉标记，如图 6-15 所示，单击鼠标拾取键)
指定下一点或 [放弃(U)]:(单击"对象捕捉"工具栏中的◯按钮)
_tan 到(将光标移至大圆上，系统自动显示出捕捉标记，如图 6-16 所示，单击鼠标拾取键)
指定下一点或 [放弃(U)]:✓

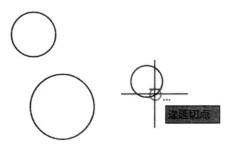

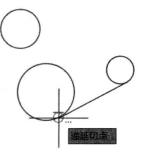

图 6-15　捕捉切点 1　　　　　　　　　　　图 6-16　捕捉切点 2

绘制出一条切线，如图 6-17 所示。

用类似的方法绘制另一条切线，绘制结果如图 6-18 所示。

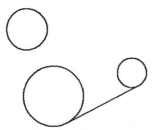

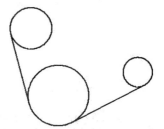

图 6-17　绘制切线 1　　　　　　　　　　　图 6-18　绘制切线 2

(2) 绘制连接圆心的直线

执行 LINE 命令，AutoCAD 提示：

指定第一个点:(单击"对象捕捉"工具栏中的◯按钮)
_cen 于(将光标移至右侧的圆上，系统自动显示出捕捉到圆心标记，如图 6-19 所示，单击鼠标拾取键)
指定下一点或 [放弃(U)]:(单击"对象捕捉"工具栏中的◯按钮)
_cen 于(将光标移至上方的圆上，系统自动显示出捕捉到圆心标记，如图 6-20 所示，单击鼠标拾取键)
指定下一点或 [放弃(U)]:✓

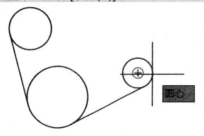

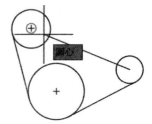

图 6-19　捕捉圆心 1　　　　　　　　　　　图 6-20　捕捉圆心 2

绘制出连接两个圆心的直线，绘制结果如图 6-21 所示。

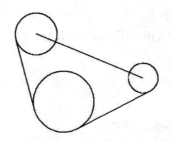

图 6-21　绘制连接两个圆心的直线

(3) 绘制直线 AB(圆心到斜线的垂直线)

执行 LINE 命令，AutoCAD 提示：

指定第一个点:(捕捉大圆的圆心)
指定下一点或 [放弃(U)]:(单击"对象捕捉"工具栏中的按钮)
_per 到(将光标移至前面绘制的圆心连线上，系统自动显示出捕捉到垂足标记，如图 6-22 所示，单击鼠标拾取键)
指定下一点或 [放弃(U)]:↙

执行结果如图 6-23 所示。

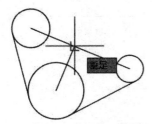

图 6-22　捕捉垂足

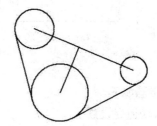

图 6-23　绘制圆心到斜线的垂直线

(4) 绘制直线 BC(与已有斜线平行，长为 100)

执行 LINE 命令，AutoCAD 提示：

指定第一个点:(单击"对象捕捉"工具栏中的按钮)
_int 于(将光标移至两条对应直线的交点位置，系统自动显示出捕捉到交点标记，如图 6-24 所示，单击鼠标拾取键)
指定下一点或 [放弃(U)]:(单击"对象捕捉"工具栏中的按钮)
_par 到(将光标移至被平行的斜线上，系统自动显示出捕捉标记，如图 6-25 所示。注意不要单击鼠标拾取键，而是向右上方移动光标，使橡皮筋线与斜线近似平行，系统自动显示出对应的捕捉矢量与提示，如图 6-26 所示，输入 100 然后按 Enter 键)
指定下一点或 [放弃(U)]:↙

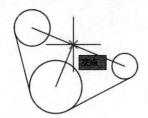

图 6-24　捕捉交点

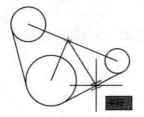

图 6-25　显示捕捉标记

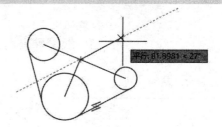

图 6-26　显示捕捉矢量

最后得到的结果如图 6-14(b)所示。

本书下载文件中的图形文件"DWG\第 6 章\图 6-14b.dwg"提供了对应的绘图结果。

说明:

当需要频繁使用对象捕捉功能时,可以启用对象自动捕捉功能。操作方法参见上机练习 6。

上机练习 6 利用对象自动捕捉功能绘制图形。

打开本书下载文件中的图形文件"DWG\第 6 章\图 6-27a.dwg",得到如图 6-27(a)所示的图形。在此图的基础上绘制其他图形,绘制结果如图 6-27(b)所示。

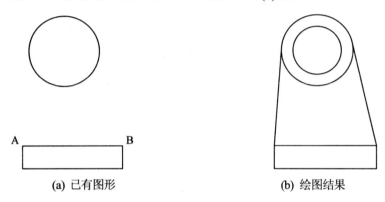

(a) 已有图形   (b) 绘图结果

图 6-27 练习图 4

操作步骤如下。

(1) 自动捕捉设置

执行"工具"|"绘图设置"命令,打开"草图设置"对话框,如图 6-28 所示。选中该对话框中"对象捕捉"选项卡下的"端点""圆心"和"切点"复选框,并选中"启用对象捕捉"复选框。

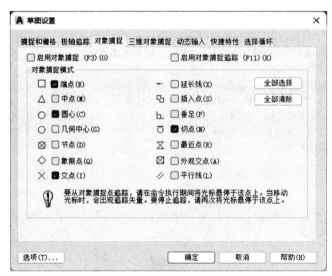

图 6-28 "草图设置"对话框

单击"确定"按钮，关闭该对话框。

(2) 绘图

① 绘制切线

执行 LINE 命令，AutoCAD 提示：

> 指定第一个点:(将光标移至端点 A 处，系统自动显示出捕捉到端点标记，如图 6-29 所示，单击鼠标拾取键)
> 指定下一点或 [放弃(U)]:(将光标移至圆的左边上，系统自动显示出捕捉到切点标记，如图 6-30 所示，单击鼠标拾取键)
> 指定下一点或 [放弃(U)]:↙

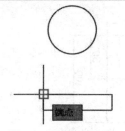

图 6-29　捕捉到端点

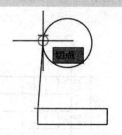

图 6-30　捕捉到切点

绘制切线 1 的结果如图 6-31 所示。

用类似的方法绘制另一条切线，绘制切线 2 的结果如图 6-32 所示。

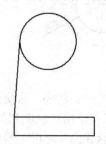

图 6-31　绘制切线 1

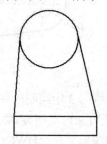

图 6-32　绘制切线 2

② 绘制同心圆

执行 CIRCLE 命令，AutoCAD 提示：

> 指定圆的圆心或 [三点(3P)/两点(2P)/切点、切点、半径(T)]:(将光标移至圆上，系统自动显示出捕捉到圆心标记，如图 6-33 所示，单击鼠标拾取键)
> 指定圆的半径或 [直径(D)]: 25↙

执行结果如图 6-34 所示。

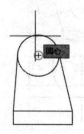

图 6-33　捕捉到圆心

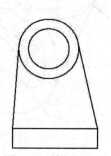

图 6-34　绘制同心圆

说明：

在本书后续介绍的绘图方法中，当需要利用对象捕捉(或对象自动捕捉)功能确定特殊点时，将直接说明，如"捕捉端点"和"捕捉圆心"等不再详细介绍操作过程。在利用 AutoCAD 绘图过程中，当需要确定诸如切点、端点和圆心这类特殊点时，应尽可能启用对象捕捉或对象自动捕捉功能。但是，当执行其他某些操作(如夹点操作)时，则可能需要关闭对象自动捕捉功能。

本书下载文件中的图形文件"DWG\第 6 章\图 6-27b.dwg"提供了对应的绘图结果。

上机练习 7 绘制如图 6-35 所示的图形(按表 5-1 所示的要求创建图层)。

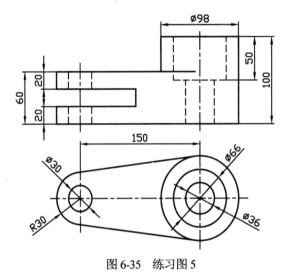

图 6-35　练习图 5

本例与第 5 章上机练习 3 中绘制的图形类似，但当绘制切线，从交点引出辅助线等直线时，应利用对象捕捉(或对象自动捕捉)功能来实现，以保证所绘制图形的准确性。

本书下载文件中的图形文件"DWG\第 6 章\图 6-35.dwg"提供了对应的绘图结果。

上机练习 8 绘制如图 6-36 所示的图形(应按表 5-1 所示的要求创建图层)。

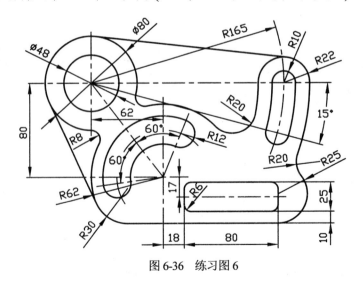

图 6-36　练习图 6

本书下载文件中的图形文件"DWG\第 6 章\图 6-36.dwg"提供了对应的绘图结果。

6.4 极轴追踪、对象捕捉追踪

目的：了解 AutoCAD 2022 的极轴追踪、对象捕捉追踪功能。

上机练习 9 绘制如图 6-37 所示的图形。

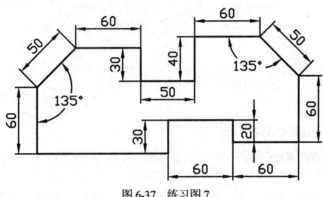

图 6-37 练习图 7

操作步骤如下。

(1) 绘图设置

执行"工具"|"绘图设置"命令，即执行 DSETTINGS 命令，打开"草图设置"对话框，在"极轴追踪"选项卡中进行相应设置，如图 6-38 所示。

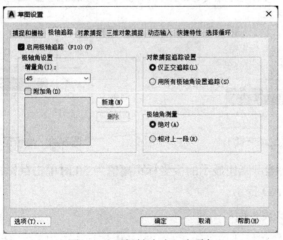

图 6-38 "极轴追踪"选项卡

从图 6-38 可以看出，已启用了极轴追踪功能，并将极轴追踪的增量角设为 45。

在"草图设置"对话框的"捕捉和栅格"选项卡中进行相应设置，如图 6-39 所示。

从图 6-39 可以看出，已启用了捕捉功能，并选中了 PolarSnap(极轴捕捉)单选按钮；将"极轴距离"设为 10。在后续的操作中将显示它们的作用。

单击"确定"按钮，关闭该对话框。

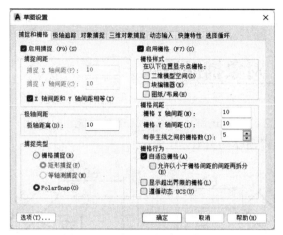

图 6-39 "捕捉和栅格"选项卡

(2) 绘图

执行 LINE 命令，AutoCAD 提示：

> 指定第一个点:(在绘图屏幕适当位置拾取一点，作为所绘图形的左下角点)
> 指定下一点或 [放弃(U)]:

在此提示下，向上拖动鼠标，AutoCAD 引出极轴追踪矢量 1，并显示当前光标的极坐标，如图 6-40 所示。此时输入 60，然后按 Enter 键，或使显示的极坐标距离值为 60 时单击鼠标拾取键，绘制出长为 60 的垂直线，此时 AutoCAD 提示：

> 指定下一点或 [放弃(U)]:

向右上方拖动光标，当橡皮筋线近似沿 45° 方向时，显示出极轴追踪矢量 2，如图 6-41 所示。

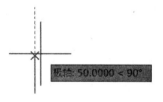

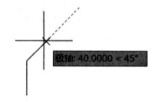

图 6-40 显示极轴追踪矢量 1   图 6-41 显示极轴追踪矢量 2

输入 50 后按 Enter 键，或使显示的极坐标距离值为 50 时单击鼠标拾取键，绘制出长为 50 的斜线，此时 AutoCAD 提示：

> 指定下一点或 [闭合(C)/放弃(U)]:

向右拖动光标，当橡皮筋线接近水平时，显示出极轴追踪矢量 3，如图 6-42 所示。

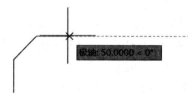

图 6-42 显示极轴追踪矢量 3

同样，输入 60 后按 Enter 键，或使显示的极坐标距离值为 60 时单击鼠标拾取键，AutoCAD 将绘制长为 60 的水平线。执行类似的操作继续绘图，可得到如图 6-37 所示的图形。

本例中，由于在图 6-39 所示的"捕捉和栅格"选项卡中启用了极轴捕捉功能，同时又将极轴距离设为 10，因此在显示的极轴追踪矢量提示中，极坐标距离值总是按 10 的整数倍变化，而且光标也沿追踪方向以此距离为步距进行移动。

说明：

在绘图过程中，可随时在状态栏的■(按指定角度限制光标)按钮上右击，从弹出的快捷菜单中选择"正在追踪设置"命令，在弹出的"草图设置"对话框中进行相应的绘图设置，如设置极轴追踪角度、极轴距离以及捕捉与栅格等。

本书下载文件中的图形文件"DWG\第 6 章\图 6-37.dwg"提供了对应的绘图结果。

上机练习 10　绘制如图 6-43 所示的图形。

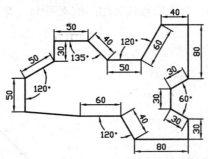

图 6-43　练习图 8

本书下载文件中的图形文件"DWG\第 6 章\图 6-43.dwg"提供了对应的绘图结果。

上机练习 11　打开本书下载文件中的图形文件"DWG\第 6 章\图 6-44a.dwg"，得到如图 6-44(a) 所示的图形。在此基础上绘制其他图形，绘制结果如图 6-44(b)所示(虚线表示新绘制图形与已有图形的位置关系)。

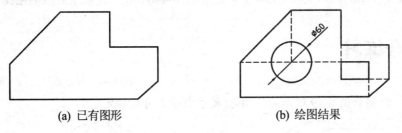

(a) 已有图形　　　　　　　　　　　(b) 绘图结果

图 6-44　练习图 9

操作步骤如下。

首先，通过单击■(按指定角度限制光标)、■(将光标捕捉到二维参照点)和■(显示捕捉参照线)按钮的方式启用极轴追踪、对象自动捕捉和对象捕捉追踪功能，并能够自动捕捉到端点等。

执行 CIRCLE 命令，AutoCAD 提示：

指定圆的圆心或 [三点(3P)/两点(2P)/切点、切点、半径(T)]:

在此提示下，将光标放到对应的一个端点处，AutoCAD 捕捉到端点 1，并给出提示，如图 6-45 所示；再将光标移至另一端点处，AutoCAD 捕捉到端点 2，并给出提示，如图 6-46 所示。

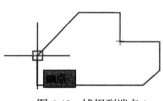
图 6-45　捕捉到端点 1

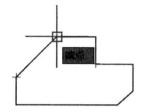
图 6-46　捕捉到端点 2

然后拖动鼠标，当光标近似位于图 6-47 所示的位置时，AutoCAD 会捕捉到某一点，该点与左端点具有相同的 Y 坐标，与上端点具有相同的 X 坐标，单击左键，AutoCAD 会以该点为圆心，并提示：

指定圆的半径或 [直径(D)]: 30✓

执行结果如图 6-48 所示。

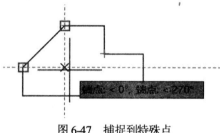
图 6-47　捕捉到特殊点

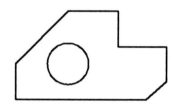
图 6-48　绘制圆

执行类似的操作绘制矩形，即可得到如图 6-44(b)所示的图形。

本书下载文件中的图形文件"DWG\第 6 章\图 6-44b.dwg"提供了对应的绘图结果。

6.5　综合练习

上机练习 12　绘制如图 6-49 所示的各图形(尺寸由读者自行确定)。

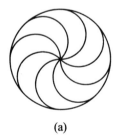

(a)　　　　　　　　　　　　　(b)

图 6-49　练习图 10

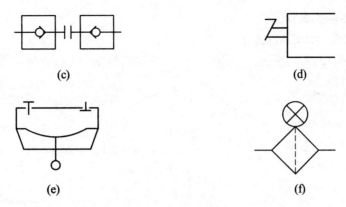

图 6-49　练习图 10(续)

本书下载文件中的图形文件"DWG\第 6 章\图 6-49a~f.dwg"提供了对应的绘图结果。

上机练习 13　绘制如图 6-50 所示的曲柄滑块机构(图中只给出了主要尺寸,其余尺寸由读者自行确定)。

图 6-50　曲柄滑块机构

操作步骤如下。

(1) 创建图层

根据表 5-1 所示的要求创建图层(过程略)。

(2) 绘制中心线

将"点画线"图层设为当前图层。执行 LINE 命令,绘制一条水平中心线,并执行 OFFSET 命令,绘制一条与水平中心线间距为 30 的平行线,绘制结果如图 6-51 所示。

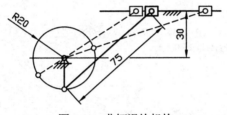

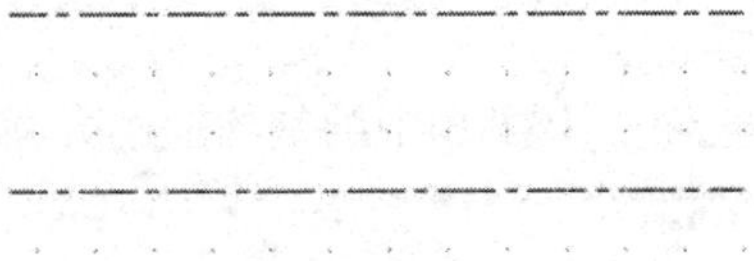

图 6-51　绘制水平中心线与平行线

(3) 更改图层

通过"图层"工具栏,将图 6-51 中位于上方的中心线更改到"粗实线"图层。

(4) 绘制分别表示曲柄轨迹和曲柄回转铰链中心的圆

将"细实线"图层设为当前图层。执行 CIRCLE 命令,以水平中心线上的一点(偏左,参照图 6-52)为圆心绘制半径为 20 的圆。

将"粗实线"图层设为当前图层。执行 CIRCLE 命令,绘制半径为 1.5 的同心圆,绘制结果如图 6-52 所示。

(5) 绘制表示曲柄的直线

执行 LINE 命令，AutoCAD 提示：

指定第一个点:(捕捉图 6-52 中已有圆的圆心)
指定下一点或 [放弃(U)]: @0,-20✓
指定下一点或 [放弃(U)]: ✓

执行结果如图 6-53 所示。

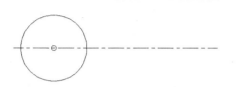

图 6-52　绘制同心圆　　　　　　　图 6-53　绘制表示曲柄的直线

(6) 绘制辅助圆

执行 CIRCLE 命令，AutoCAD 提示：

指定圆的圆心或 [三点(3P)/两点(2P)/切点、切点、半径(T)]:(捕捉图 6-53 中垂直线与大圆的交点)
指定圆的半径或 [直径(D)]: 75✓(连杆长度)

执行结果如图 6-54 所示。

(7) 绘制表示连杆的直线

执行 LINE 命令，绘制表示连杆的直线 ab，绘制结果如图 6-55 所示。

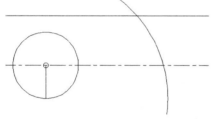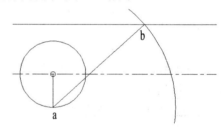

图 6-54　绘制辅助圆　　　　　　　图 6-55　绘制表示连杆的直线

(8) 绘制滑块

首先，执行 ERASE 命令，删除在步骤(6)中绘制的辅助大圆。

下面利用绘制矩形的命令绘制滑块。

执行 RECTANG 命令，AutoCAD 提示：

指定第一个角点或 [倒角(C)/标高(E)/圆角(F)/厚度(T)/宽度(W)]:

在此提示下，从对象捕捉快捷菜单中(按 Shift 键后单击右键可以打开该菜单)选择"自"菜单项，或单击"对象捕捉"工具栏中的▣(捕捉自)按钮，AutoCAD 提示：

_from 基点:(捕捉连杆与滑道的交点，即图 6-55 中的 b 点)
<偏移>: @-4,3✓
指定另一个角点或 [面积(A)/尺寸(D)/旋转(R)]: @8,-6✓

执行结果如图 6-56 所示。

(9) 绘制铰链圆

执行 CIRCLE 命令，分别以曲柄与连杆的交点和连杆与滑道的交点为圆心，绘制两个半径均为 1.5 的圆，绘制结果如图 6-57 所示。

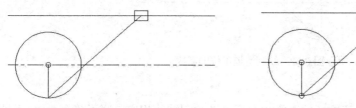

图 6-56　绘制滑块　　　　　　　　图 6-57　绘制两个半径均为 1.5 的圆

(10) 绘制曲柄旋转支承

分别执行 LINE 命令，在曲柄旋转支承处绘制表示支承的直线，如图 6-58 所示。绘制此部分图形时，可以先放大图形的显示，然后进行绘制。

(11) 绘制表示机座的斜线

● 绘制斜线

执行 LINE 命令，在对应位置绘制一条短斜线，绘制结果如图 6-59 所示。

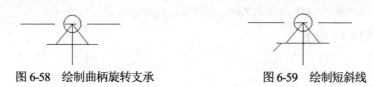

图 6-58　绘制曲柄旋转支承　　　　　　图 6-59　绘制短斜线

● 阵列

执行 ARRAYRECT 命令，对前面所绘制的短斜线进行矩形阵列(1 行 5 列)，结果如图 6-60 所示。

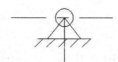

图 6-60　进行矩形阵列后的结果

说明：

利用"修改"工具栏上用于阵列操作的对应弹出按钮(如图 6-61 所示)，可以执行各种阵列操作。

图 6-61　用于阵列操作的按钮

再用同样的方法绘制滑道部位的斜线，绘制结果如图 6-62 所示(也可以通过复制已有斜线的方式实现)。

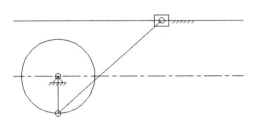

图 6-62　绘制滑道部位的斜线

(12) 修剪

从图 6-62 可以看出，表示连杆的直线与表示铰链的圆彼此相交，这不符合要求，因此需要进行修剪操作。下面以曲柄与连杆的铰链处为例给予说明。

执行 TRIM 命令，AutoCAD 提示：

> 选择剪切边...
> 选择对象或[模式]<全部选择>:(选择对应的圆，如图 6-63 所示，虚线圆为被选中对象)
> 选择对象:✓
> 选择要修剪的对象，或按住 Shift 键选择要延伸的对象，或
> [剪切边(T)/栏选(F)/窗交(C)/模式(O)/投影(P)/边(E)/删除(R)]:(在被选中的圆内，依次选择各直线和圆)
> 选择要修剪的对象，或按住 Shift 键选择要延伸的对象，或
> [剪切边(T)/栏选(F)/窗交(C)/模式(O)/投影(P)/边(E)/删除(R)]:✓

执行结果如图 6-64 所示。

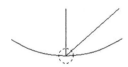　　　　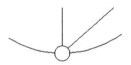

图 6-63　选择对应的圆　　　　　　　图 6-64　修剪后的结果

执行类似的操作，对其他部位进行修剪，得到如图 6-65 所示的图形。

(13) 绘制极限位置

将"虚线"图层设为当前图层。

执行 CIRCLE 命令，AutoCAD 提示：

> 指定圆的圆心或 [三点(3P)/两点(2P)/切点、切点、半径(T)]:(捕捉图 6-65 中的大圆圆心)
> 指定圆的半径或 [直径(D)]: 55✓

继续执行 CIRCLE 命令，AutoCAD 提示：

> 指定圆的圆心或 [三点(3P)/两点(2P)/切点、切点、半径(T)]:(捕捉图 6-65 中的大圆圆心)
> 指定圆的半径或 [直径(D)] <55.0>: 95✓

执行结果如图 6-66 所示。

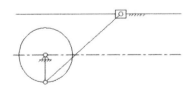　　　　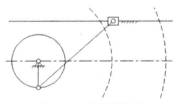

图 6-65　修剪后的结果　　　　　　　图 6-66　绘制辅助圆

(14) 绘制直线

执行 LINE 命令，分别从虚线表示的两个圆与滑道的交点处向圆心绘制直线，绘制结果如图 6-67 所示。

(15) 延伸

执行 EXTEND 命令，AutoCAD 提示：

选择对象或[模式]<全部选择>:(选择图 6-67 中的实线大圆)
选择对象:↙
选择要延伸的对象，或按住 Shift 键选择要修剪的对象，或
[边界边(B)栏选(F)/窗交(C)/模式(O)/投影(P)/边(E)]:(在图 6-67 中，在短虚线直线的左端点附近拾取该直线)
选择要延伸的对象，或按住 Shift 键选择要修剪的对象，或
[边界边(B)栏选(F)/窗交(C)/模式(O)/投影(P)/边(E)]:↙

执行结果如图 6-68 所示。

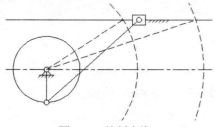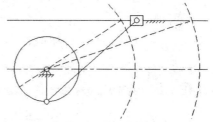

图 6-67　绘制直线　　　　　　　　　　　图 6-68　延伸直线

(16) 绘制表示铰链的圆

执行 CIRCLE 命令，在表示铰链的各位置绘制半径为 1.5 的圆，绘制结果如图 6-69 所示。

(17) 复制

执行 COPY 命令，将图 6-69 中表示滑块的矩形复制到两个极限位置，再将复制后的矩形更改到"虚线"图层，结果如图 6-70 所示。

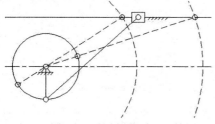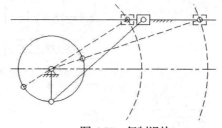

图 6-69　绘制半径为 1.5 的圆　　　　　　图 6-70　复制滑块

(18) 整理

对图 6-70 做进一步的整理，包括在铰链位置进行修剪操作，删除虚线圆以及打断多余的中心线和滑道等，最终结果如图 6-71 所示。至此，完成了曲柄连杆的绘制。将图形命名后保存即可。

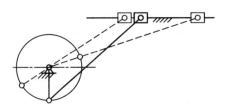

图 6-71　所绘制的最终曲柄连杆图形

本书下载文件中的图形文件"DWG\第 6 章\图 6-50.dwg"提供了本练习图形的最终效果。

上机练习 14　绘制如图 6-72 所示的同步带-连杆组合机构(尺寸由读者自行确定)。

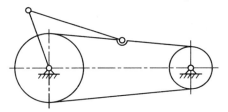

图 6-72　同步带-连杆组合机构

本书下载文件中的图形文件"DWG\第 6 章\图 6-72.dwg"提供了对应的绘图结果。

上机练习 15　利用构造线和对象捕捉等功能绘制如图 6-73 所示的三视图。

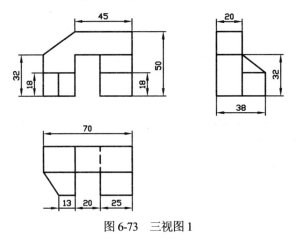

图 6-73　三视图 1

操作步骤如下。

(1) 创建图层

根据表 5-1 所示的要求创建图层(过程略)。

(2) 绘制构造线

在"辅助线"图层，执行 XLINE 命令，绘制一系列水平和垂直构造线，绘制结果如图 6-74 所示。

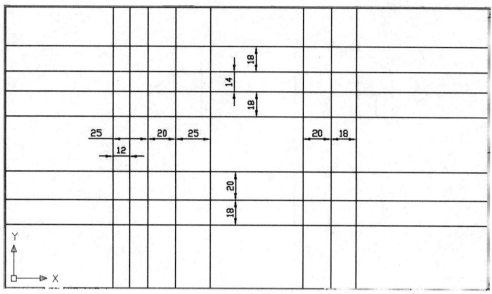

图 6-74　绘制构造线

本书下载文件中的图形文件"DWG\第 6 章\图 6-74.dwg"中提供了对应的构造线。

(3) 绘制图形

在"粗实线"和"虚线"图层，执行 LINE 命令绘制各对应直线，绘制结果如图 6-75 所示(绘制时应利用对象捕捉功能捕捉构造线之间的交点)。

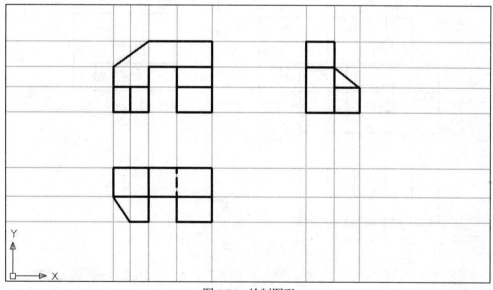

图 6-75　绘制图形

本书下载文件中的图形文件"DWG\第 6 章\图 6-75.dwg"中提供了对应的图形。

(4) 冻结图层

冻结"辅助线"图层，结果如图 6-76 所示(也可以直接删除各辅助线)。

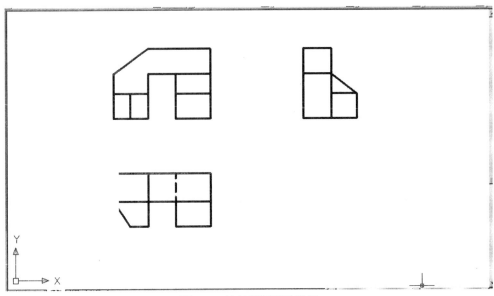

图 6-76   冻结图层后的结果

本书下载文件中的图形文件"DWG\第 6 章\图 6-76.dwg"是冻结图层后的对应图形。

上机练习 16   利用构造线和对象捕捉等功能绘制如图 6-77 所示的三视图。

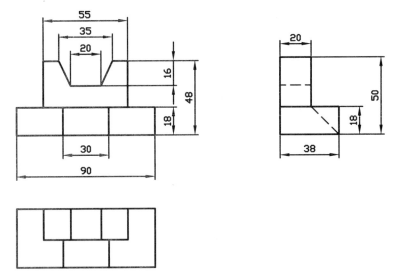

图 6-77   三视图 2

本书下载文件中的图形文件"DWG\第 6 章\图 6-77.dwg"中提供了对应的三视图。

第 7 章

绘制、编辑复杂图形对象

7.1 绘制、编辑多段线

目的：利用 AutoCAD 2022 绘制与编辑多段线。

上机练习 1 执行多段线命令，绘制如图 7-1 所示的图形，其中线宽为 5。

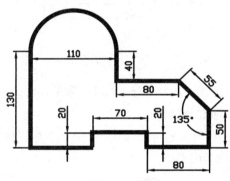

图 7-1 多段线

操作步骤如下。

单击"绘图"工具栏上的■(多段线)按钮，或执行"绘图"|"多段线"命令，即执行 PLINE 命令，AutoCAD 提示：

```
指定起点:(在绘图屏幕适当位置确定一点，作为图形的左下角点)
当前线宽为 0.0000
指定下一点或 [圆弧(A)/半宽(H)/长度(L)/放弃(U)/宽度(W)]: W↙
指定起点宽度: 5↙
指定端点宽度 <5.0000>: 5↙
指定下一点或 [圆弧(A)/半宽(H)/长度(L)/放弃(U)/宽度(W)]: @130<90↙
指定下一点或 [圆弧(A)/闭合(C)/半宽(H)/长度(L)/放弃(U)/宽度(W)]:A↙
指定圆弧的端点或 [角度(A)/圆心(CE)/闭合(CL)/方向(D)/半宽(H)/直线(L)/半径(R)/第二个点(S)/
放弃(U)/宽度(W)]:@110,0↙
指定圆弧的端点或 [角度(A)/圆心(CE)/闭合(CL)/方向(D)/半宽(H)/直线(L)/半径(R)/第二个点(S)/
放弃(U)/宽度(W)]: L↙
指定下一点或 [圆弧(A)/闭合(C)/半宽(H)/长度(L)/放弃(U)/宽度(W)]: @0,-40↙
指定下一点或 [圆弧(A)/闭合(C)/半宽(H)/长度(L)/放弃(U)/宽度(W)]: @80,0↙
```

指定下一点或 [圆弧(A)/闭合(C)/半宽(H)/长度(L)/放弃(U)/宽度(W)]: @55<-45↙
指定下一点或 [圆弧(A)/闭合(C)/半宽(H)/长度(L)/放弃(U)/宽度(W)]: @0,-50↙
指定下一点或 [圆弧(A)/闭合(C)/半宽(H)/长度(L)/放弃(U)/宽度(W)]: @-80,0↙
指定下一点或 [圆弧(A)/闭合(C)/半宽(H)/长度(L)/放弃(U)/宽度(W)]: @0,20↙
指定下一点或 [圆弧(A)/闭合(C)/半宽(H)/长度(L)/放弃(U)/宽度(W)]: @-70,0↙
指定下一点或 [圆弧(A)/闭合(C)/半宽(H)/长度(L)/放弃(U)/宽度(W)]: @0,-20↙
指定下一点或 [圆弧(A)/闭合(C)/半宽(H)/长度(L)/放弃(U)/宽度(W)]:C↙

本书下载文件中的图形文件"DWG\第 7 章\图 7-1.dwg"中提供了对应的图形。

上机练习2 执行 PEDIT 命令，将图 7-1 所示多段线的宽度改为 7。

上机练习3 绘制如图 7-2 所示的图形。

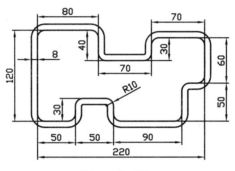

图 7-2 练习图 1

提示：

首先根据尺寸绘制封闭多段线；然后执行 FILLET 命令，对此多段线创建圆角；最后执行 OFFSET 命令，对此多段线向外偏移复制。

本书下载文件中的图形文件"DWG\第 7 章\图 7-2.dwg"中提供了对应的图形。

上机练习4 绘制如图 7-3 所示的图形。

图 7-3 练习图 2

操作步骤如下。

执行 PLINE 命令，AutoCAD 提示：

指定起点: (在绘图屏幕适当位置确定一点，作为直线的左端点)
当前线宽为 0.0000
指定下一点或 [圆弧(A)/半宽(H)/长度(L)/放弃(U)/宽度(W)]: @70,0↙
指定下一点或 [圆弧(A)/闭合(C)/半宽(H)/长度(L)/放弃(U)/宽度(W)]: @0,-40↙
指定下一点或 [圆弧(A)/闭合(C)/半宽(H)/长度(L)/放弃(U)/宽度(W)]: W↙
指定起点宽度 <0.0000>: 8↙
指定端点宽度 <8.0000>: 0↙
指定下一点或 [圆弧(A)/闭合(C)/半宽(H)/长度(L)/放弃(U)/宽度(W)]: @0,-20↙
指定下一点或 [圆弧(A)/闭合(C)/半宽(H)/长度(L)/放弃(U)/宽度(W)]: ↙

本书下载文件中的图形文件"DWG\第 7 章\图 7-3.dwg"中提供了对应的图形。

7.2 绘制、编辑样条曲线

目的： 了解 AutoCAD 2022 的样条曲线绘制与编辑功能。

上机练习 5 打开下载文件中的图形文件"DWG\第 7 章\图 7-4a.dwg"，得到如图 7-4(a)所示的图形。对其绘制断开线，绘制结果如图 7-4(b)所示。

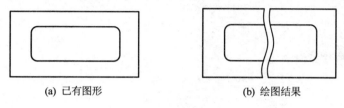

(a) 已有图形   (b) 绘图结果

图 7-4 绘制断开线

操作步骤如下。

(1) 在"波浪线"图层(图中已创建了该图层)绘制一条样条曲线，并复制该样条曲线，结果如图 7-5 所示。

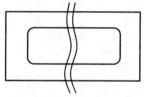

图 7-5 绘制、复制样条曲线

(2) 执行 TRIM 命令进行修剪操作，即可得到如图 7-4(b)所示的绘图结果。

本书下载文件中的图形文件"DWG\第 7 章\图 7-4b.dwg"中提供了对应的图形。

7.3 绘制、编辑多线

目的： 利用 AutoCAD 2022 绘制与编辑多线。

上机练习 6 执行多线命令绘制如图 7-6 所示的图形。

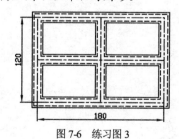

图 7-6 练习图 3

多线由一条中心线、两条虚线和两条实线组成。其中两条虚线之间的距离是 10，两条实线之间的距离是 15。

操作步骤如下。

(1) 设置多线样式

执行"格式"|"多线样式"命令，即执行 MLSTYLE 命令，打开如图 7-7 所示的"多线样式"对话框。

单击"新建"按钮，打开"创建新的多线样式"对话框，在该对话框的"新样式名"文本框中输入 NEWMLSTYLE，如图 7-8 所示。

图 7-7 "多线样式"对话框 1

图 7-8 "创建新的多线样式"对话框

单击"继续"按钮，打开"新建多线样式"对话框，在该对话框中进行相应的设置，如图 7-9 所示(一共 5 条线，另外两条线的偏移分别是-5、-7.5，线型分别是 DASHED，ByLayer)。

从图 7-9 可以看出，已按要求新建了 5 条线元素，并对它们进行了相应的设置。

单击"确定"按钮，返回"多线样式"对话框，如图 7-10 所示。

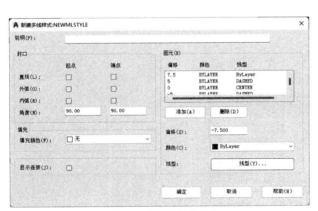

图 7-9 设置多线样式

图 7-10 "多线样式"对话框 2

将 NEWMLSTYLE 样式设置为当前样式。单击"确定"按钮，关闭该对话框，完成多线样式的定义。

(2) 绘制多线

执行"绘图"|"多线"命令，即执行 MLINE 命令，AutoCAD 提示：

```
当前设置: 对正 = 上，比例 =20.00，样式 =NEWMLSTYLE
指定起点或 [对正(J)/比例(S)/样式(ST)]:S↙
输入多线比例 <20.00>:1↙
当前设置: 对正 = 上，比例 =1.00，样式 =NEWMLSTYLE
指定起点或 [对正(J)/比例(S)/样式(ST)]:J↙
输入对正类型 [上(T)/无(Z)/下(B)] <上>:Z↙
当前设置: 对正 = 无，比例 =1.00，样式 =NEWMLSTYLE
指定起点或 [对正(J)/比例(S)/样式(ST)]: (拾取一点作为图形的左下角点)
指定下一点: @0,120↙
指定下一点或 [放弃(U)]:@180,0↙
指定下一点或 [闭合(C)/放弃(U)]:@0,-120↙
指定下一点或 [闭合(C)/放弃(U)]:C↙
```

执行结果如图 7-11 所示。

执行 MLINE 命令，绘制另外两条多线，绘制结果如图 7-12 所示(绘制时应捕捉对应线的中点)。

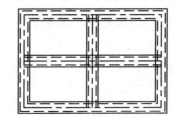

图 7-11　绘制多线 1　　　　　　　　　　图 7-12　绘制多线 2

(3) 编辑多线

执行"修改"|"对象"|"多线"命令，即执行 MLEDIT 命令，打开如图 7-13 所示的"多线编辑工具"对话框。

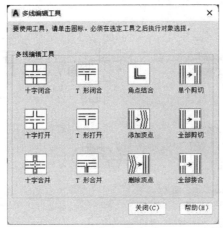

图 7-13　"多线编辑工具"对话框

单击"十字合并"按钮，切换到绘图屏幕，AutoCAD 提示：

选择第一条多线:(选择图 7-12 中位于中间的水平多线)
选择第二条多线:(选择图 7-12 中位于中间的垂直多线)
选择第一条多线 或 [放弃(U)]:↙

执行结果如图 7-14 所示。

继续执行 MLEDIT 命令，利用"T 形合并"功能(参见图 7-13)编辑图 7-14，得到如图 7-15 所示的图形。

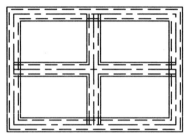

图 7-14　十字合并结果

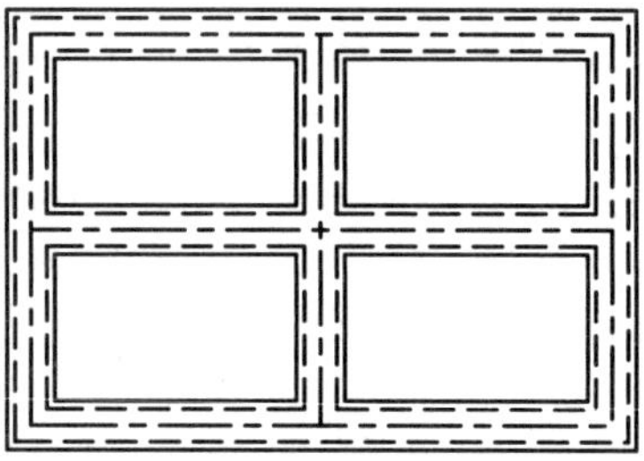

图 7-15　T 形合并结果

说明：

对于多线，同样可以执行 LTSCALE 命令来改变线型比例。

本书下载文件中的图形文件"DWG\第 7 章\图 7-6.dwg"中提供了对应的图形。

7.4　综合练习

目的： 在绘图过程中灵活地使用多段线等图形对象。

上机练习 7　绘制如图 7-16 所示的各图形(尺寸由读者自行确定)。

本书下载文件中的图形文件"DWG\第 7 章\图 7-16.dwg"中提供了对应的图形。

上机练习 8　绘制如图 7-17 所示的卸载回路。

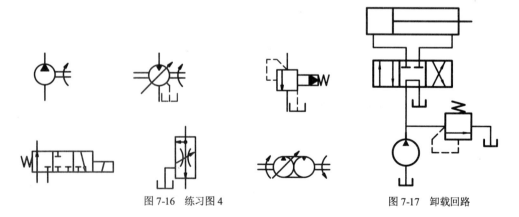

图 7-16　练习图 4

图 7-17　卸载回路

操作步骤如下。

(1) 创建图层

根据表 5-1 所示的要求创建新图层(过程略)。

(2) 绘图设置

执行"工具"|"绘图设置"命令，即执行 DSETTINGS 命令，打开"草图设置"对话框，在该对话框的"捕捉和栅格"选项卡中进行相关设置，如图 7-18 所示。

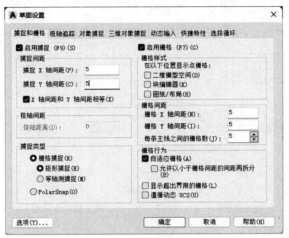

图 7-18 "捕捉和栅格"选项卡

从图 7-18 可以看出，已将沿 X 和 Y 轴方向的捕捉间距与栅格间距均设为 5，并启用了栅格捕捉与栅格显示功能。

单击该对话框中的"确定"按钮，关闭"草图设置"对话框，并在绘图屏幕上显示出栅格点(为使图形清晰，用栅格点代替了栅格线)。

(3) 绘图

① 绘制矩形

将"粗实线"图层设为当前图层。执行 RECTANG 命令，AutoCAD 提示：

指定第一个角点或 [倒角(C)/标高(E)/圆角(F)/厚度(T)/宽度(W)]:(在绘图屏幕适当位置确定一点)
指定另一个角点或 [面积(A)/尺寸(D)/旋转(R)]:(拖动鼠标，使其相对于第一角点沿水平和垂直方向分别移动 14 和 4 个栅格后，单击鼠标拾取键)

执行结果如图 7-19 所示。

用同样的方法绘制其他两个矩形，绘制结果如图 7-20 所示。

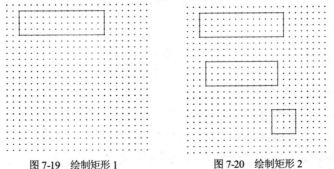

图 7-19 绘制矩形 1　　　　　　　　图 7-20 绘制矩形 2

② 绘制粗实线

参照图 7-17，分别执行 LINE 命令，绘制对应的直线，绘制结果如图 7-21 所示。

③ 绘制细实线

将"细实线"图层设为当前图层。参照图 7-17，分别执行 LINE 命令，绘制对应的直线，绘制结果如图 7-22 所示。

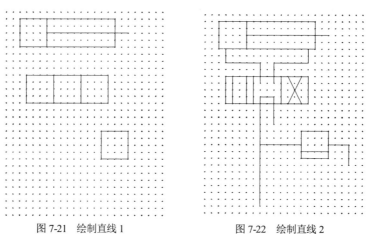

图 7-21 绘制直线 1   图 7-22 绘制直线 2

④ 绘制粗实线

将"粗实线"图层设为当前图层。参照图 7-17，执行 LINE 命令绘制相应直线，并执行 CIRCLE 命令绘制圆，绘制结果如图 7-23 所示。

⑤ 绘制虚线

将"虚线"图层设为当前图层。参照图 7-17，执行 LINE 命令绘制图中的虚线，绘制结果如图 7-24 所示。

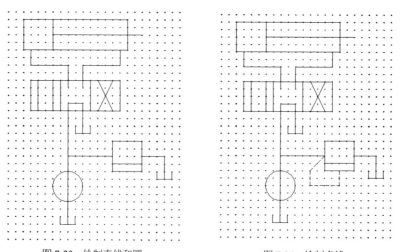

图 7-23 绘制直线和圆   图 7-24 绘制虚线

至此，已绘制出大部分图形，其余未绘部分包括箭头、斜线和短线等。如果继续启用栅格捕捉与栅格显示功能，某些图形对象则较难绘制。此时，应单击状态栏上的▦(捕捉模式)和▦(显示图形栅格)按钮，关闭栅格捕捉与栅格显示功能。

⑥　绘制箭头

● 绘制液压泵圆中的箭头

将"粗实线"图层设为当前图层。执行 PLINE 命令，AutoCAD 提示：

指定起点:(在图 7-24 中，捕捉圆与垂直线的上交点)
指定下一个点或 [圆弧(A)/半宽(H)/长度(L)/放弃(U)/宽度(W)]: W✓
指定起点宽度 <0.0>:✓
指定端点宽度 <0.0>: 5✓
指定下一个点或 [圆弧(A)/半宽(H)/长度(L)/放弃(U)/宽度(W)]: @0,-5✓ (通过相对坐标确定另一端点)
指定下一个点或 [圆弧(A)/闭合(C)/半宽(H)/长度(L)/放弃(U)/宽度(W)]:✓

执行结果如图 7-25 所示。

● 绘制换向阀右侧的箭头

执行 PLINE 命令，AutoCAD 提示：

指定起点 (在图 7-25 中，捕捉向右倾斜的直线与上水平线的交点)
指定下一个点或 [圆弧(A)/半宽(H)/长度(L)/放弃(U)/宽度(W)]: W✓
指定起点宽度 <0.0>:✓
指定端点宽度 <0.0>: 2✓
指定下一个点或 [圆弧(A)/半宽(H)/长度(L)/放弃(U)/宽度(W)]:(在该提示下，在对应斜线上的适当位置捕捉最近点确定另一点)
指定下一个点或 [圆弧(A)/闭合(C)/半宽(H)/长度(L)/放弃(U)/宽度(W)]:✓

用同样的方法绘制另一条斜线上的箭头，绘制结果如图 7-26 所示。

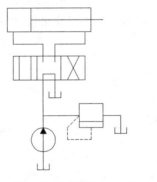 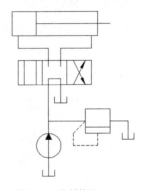

图 7-25　绘制箭头 1　　　　　图 7-26　绘制箭头 2

● 绘制其他箭头

用类似的方法，参照图 7-17 绘制其他箭头，绘制结果如图 7-27 所示。

(4) 绘制表示弹簧的斜线

执行 LINE 命令，AutoCAD 提示：

指定第一个点:(捕捉图 7-27 中表示减压阀矩形的上边中点)
指定下一点或 [放弃(U)]: @5<15✓
指定下一点或 [放弃(U)]: @10<165✓
指定下一点或 [闭合(C)/放弃(U)]: @10<15✓
指定下一点或 [闭合(C)/放弃(U)]: @10<165✓
指定下一点或 [闭合(C)/放弃(U)]: ✓

执行结果如图 7-28 所示。

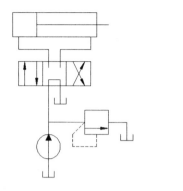

图 7-27　绘制箭头 3

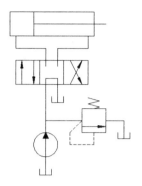

图 7-28　绘制弹簧

(5) 修剪

执行 TRIM 命令，AutoCAD 提示：

选择剪切边...
选择对象或 <全部选择>:(选择图 7-28 中的圆)
选择对象: ↙
选择要修剪的对象，或按住 Shift 键选择要延伸的对象，或
[剪切边(T)/栏选(F)/窗交(C)/模式(O)/投影(P)/边(E)/删除(R)]:(在图 7-28 中的圆内拾取垂直线)
选择要修剪的对象，或按住 Shift 键选择要延伸的对象，或
[剪切边(T)/栏选(F)/窗交(C)/模式(O)/投影(P)/边(E)/删除(R)]:↙

(6) 绘制直线

执行 LINE 命令，绘制换向阀中的两条短水平直线，绘制结果如图 7-29 所示。

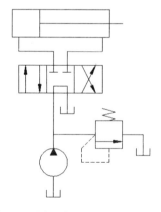

图 7-29　绘制两条短水平直线后的结果

本书下载文件中的图形文件 "DWG\第 7 章\图 7-17.dwg" 中提供了对应的图形。

第 8 章

填充图案、编辑图案

8.1 填充图案

目的：了解 AutoCAD 2022 的图案填充功能。

上机练习 1 打开本书下载文件中的图形文件"DWG\第 8 章\图 8-1a.dwg"，得到如图 8-1(a) 所示的图形。对其填充剖面线，填充后的结果如图 8-1(b)所示。

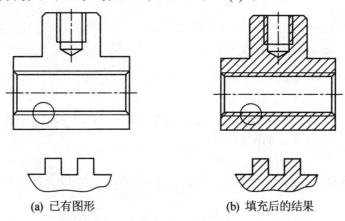

(a) 已有图形   (b) 填充后的结果

图 8-1 填充图案 1

操作步骤如下。

首先，将"细实线"图层设为当前图层(原图已设置了该图层)。

单击"绘图"工具栏上的 ▨(图案填充)按钮，或执行"绘图"|"图案填充"命令，即执行 HATCH 命令，AutoCAD 提示：

拾取内部点或 [选择对象(S)/放弃(U)/设置(T)]:

执行"设置(T)"选项，打开如图 8-2 所示的"图案填充和渐变色"对话框。

(1) 选择图案

单击该对话框中与"图案"对应的按钮 ▦，打开如图 8-3 所示的"填充图案选项板"对话框。

图 8-2　"图案填充和渐变色"对话框

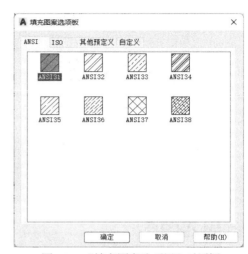

图 8-3　"填充图案选项板"对话框

在 ANSI 选项卡中，选择 ANSI31 图案，单击"确定"按钮，返回"图案填充和渐变色"对话框。

(2) 指定填充区域

单击该对话框中的⊞(添加：拾取点)按钮，切换到绘图屏幕，AutoCAD 提示：

拾取内部点或 [选择对象(S)/放弃(U)/设置(T)]:

在此提示下，在要填充图案的区域内依次拾取点。图 8-4 中用虚线围成的区域表示所指定的填充区域。

确定填充区域后，在"拾取内部点或 [选择对象(S)/放弃(U)/设置(T)]:"提示下执行"设置(T)"选项，返回"图案填充和渐变色"对话框。

(3) 预览

在"图案填充和渐变色"对话框中，单击"预览"按钮，将显示如图 8-5 所示的填充效果。

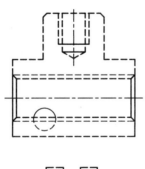
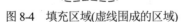

图 8-4　填充区域(虚线围成的区域)

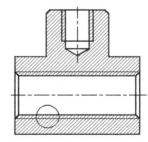

图 8-5　预览填充效果

同时 AutoCAD 会提示：

拾取或按 Esc 键返回到对话框或 <单击右键接受图案填充>:

通过预览可看出，剖面线较为密集，因此可在"拾取或按 Esc 键返回到对话框或 <单击右键接受图案填充>:"提示下单击左键，返回"图案填充和渐变色"对话框，并在该对话框中重新设置填充比例，如图 8-6 所示。

图 8-6 设置填充比例

从图 8-6 可以看出，已将填充比例设为 2.5。

(4) 填充图案

单击"确定"按钮，即可完成剖面线的填充。

说明:

执行填充操作后，如果仍有部分区域没有被填充，应继续执行 HATCH 命令，填充这部分区域。

本书下载文件中的图形文件"DWG\第 8 章\图 8-1b.dwg"是完成剖面线填充后的图形。

上机练习 2 打开本书下载文件中的图形文件"DWG\第 8 章\图 8-7a.dwg"，得到如图 8-7(a) 所示的图形。对其填充图案(剖面线和网格线)，填充后的结果如图 8-7(b)所示。

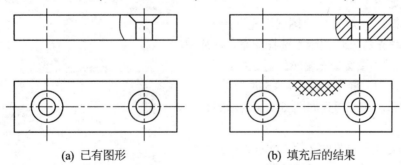

(a) 已有图形   (b) 填充后的结果

图 8-7 填充图案 2

提示:

填充网格线时，应先绘制一条样条曲线作为辅助曲线以形成填充区域。填充图案后，再删除该辅助曲线。

本书下载文件中的图形文件"DWG\第 8 章\图 8-7b.dwg"是完成图案填充后的图形。

上机练习3 打开本书下载文件中的图形文件"DWG\第 8 章\图 8-8a.dwg",得到如图 8-8(a)所示的图形。对其填充图案(剖面线和网格线),填充后的结果如图 8-8(b)所示。

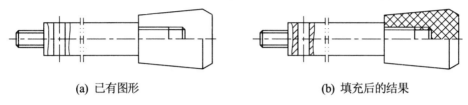

(a) 已有图形　　　　　　　　　　(b) 填充后的结果

图 8-8　填充图案 3

本书下载文件中的图形文件"DWG\第 8 章\图 8-8b.dwg"是完成图案填充后的图形。

8.2　编辑图案

目的: 了解 AutoCAD 2022 的图案编辑功能。

上机练习4 打开本书下载文件中的图形文件"DWG\第 8 章\图 8-9a.dwg",得到如图 8-9(a)所示的图形。对其编辑剖面线,编辑后的结果如图 8-9(b)所示。

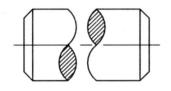　　　　　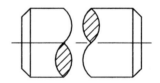

(a) 已有图形　　　　　　　　　　(b) 编辑后的结果

图 8-9　编辑图案 1

操作步骤如下。

执行"修改"|"对象"|"图案填充"命令,在"选择图案填充对象:"提示下选择图案,打开如图 8-10 所示的"图案填充编辑"对话框。

在该对话框中,将"比例"从 0.5 改为 1,单击"确定"按钮,即可得到如图 8-9(b)所示的编辑结果。

本书下载文件中的图形文件"DWG\第 8 章\图 8-9b.dwg"是完成图案编辑后的图形。

上机练习5 打开本书下载文件中的图形文件"DWG\第 8 章\图 8-11a.dwg",得到如图 8-11(a)所示的图形(图中 3 块板的剖面线是分 3 次填充

图 8-10　"图案填充编辑"对话框

的)。对其编辑剖面线，编辑后的结果如图 8-11(b)所示。

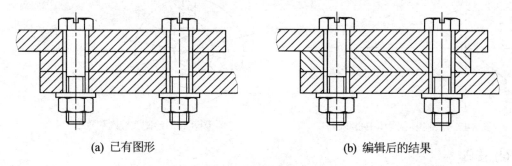

(a) 已有图形   (b) 编辑后的结果

图 8-11 编辑图案 2

本书下载文件中的图形文件"DWG\第 8 章\图 8-11b.dwg"是完成图案编辑操作后的图形。

8.3 综合练习

目的： 在绘图过程中综合运用图案填充等功能。

上机练习6 绘制如图 8-12 所示的图形。

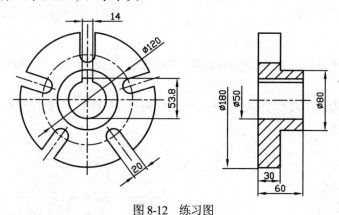

图 8-12 练习图

操作步骤如下。

(1) 创建图层

根据表 5-1 所示的要求创建图层(过程略)。

(2) 绘制中心线、中心线圆

将"点画线"图层设为当前图层。执行 LINE 命令，绘制水平和垂直中心线；执行 CIRCLE 命令，绘制中心线圆，结果如图 8-13 所示。

(3) 绘制实线圆、直线

将"粗实线"图层设为当前图层。执行 CIRCLE 命令绘制圆，执行 LINE 命令绘制对应的两条表示凹槽侧壁的垂直线，结果如图 8-14 所示。

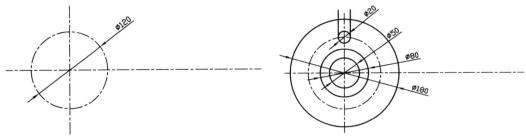

图 8-13　绘制中心线和中心线圆　　　　　图 8-14　绘制实线圆和直线

(4) 修剪

执行 TRIM 命令，进行修剪操作，结果如图 8-15 所示。

(5) 环形阵列

执行 ARRAYPOLAR 命令，进行环形阵列操作，结果如图 8-16 所示。

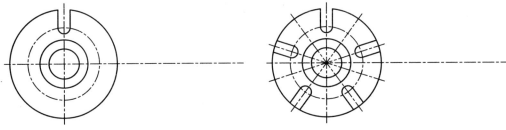

图 8-15　修剪后的结果 1　　　　　　　图 8-16　环形阵列后的结果

(6) 修剪、打断

对图 8-16 进一步修剪，并对阵列后得到的中心线执行打断操作，结果如图 8-17 所示。

(7) 偏移

执行 OFFSET 命令，对水平和垂直中心线进行偏移操作(用于绘制键槽)，偏移尺寸及偏移结果如图 8-18 所示。

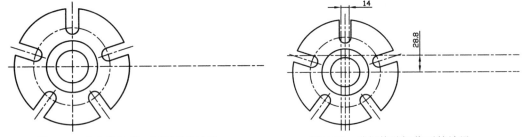

图 8-17　中心线修剪、打断后的结果　　　图 8-18　进行偏移操作后的结果

(8) 更改图层、修剪图形

将通过偏移得到的中心线更改到"粗实线"图层；执行 TRIM 命令，对图形进行修剪操作，结果如图 8-19 所示。

(9) 绘制直线

执行 LINE 命令，在左视图位置绘制对应的直线，并从主视图向其绘制辅助线，绘制结果如图 8-20 所示。

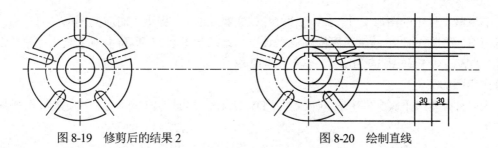

図 8-19　修剪后的结果 2　　　　　　　　　　図 8-20　绘制直线

(10) 修剪

执行 TRIM 命令，对图 8-20 进行修剪操作，得到如图 8-21 所示的结果。

(11) 填充剖面线

执行 HATCH 命令，填充图案(剖面线)，结果如图 8-22 所示。

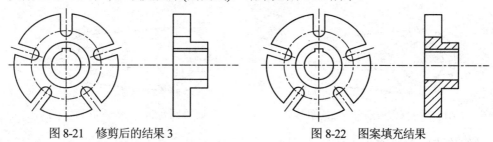

図 8-21　修剪后的结果 3　　　　　　　　　　図 8-22　图案填充结果

(12) 整理

整理图 8-22，如打断中心线等，整理后的结果如图 8-23 所示。

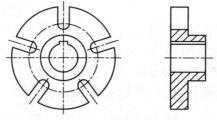

図 8-23　整理后的图形

本书下载文件中的图形文件"DWG\第 8 章\图 8-12.dwg"是绘制图形的最终结果。

上机练习 7　绘制如图 8-24 所示的直角管接头(未标注尺寸由读者自行确定)。

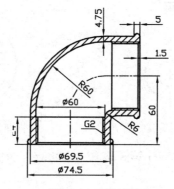

図 8-24　直角管接头

本书下载文件中的图形文件"DWG\第 8 章\图 8-24.dwg"提供了对应的图形。

上机练习 8 将图 5-12 中的主视图修改成剖视图，结果如图 8-25 所示(本书下载文件中的图形文件"DWG\第 5 章\图 5-12.dwg"是与图 5-12 对应的图形)。

操作步骤如下。

首先，打开本书下载文件中的图形文件"DWG\第 5 章\图 5-12.dwg"，得到如图 8-26 所示的图形。

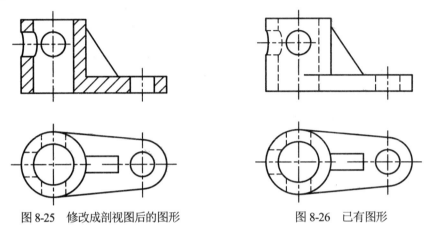

图 8-25　修改成剖视图后的图形　　　　　图 8-26　已有图形

(1) 修改线型、修剪水平相贯线

将主视图中的虚线更改到"粗实线"图层，并修剪原来的水平相贯线，结果如图 8-27 所示。

(2) 填充剖面线

执行 HATCH 命令，填充剖面线，即可得到如图 8-25 所示的图形。

本书下载文件中的图形文件"DWG\第 8 章\图 8-25.dwg"提供了对应的图形。

上机练习 9 将图 5-28 中的主视图修改成剖视图，修改后的结果如图 8-28 所示(本书下载文件中的图形文件"DWG\第 5 章\图 5-28.dwg"是与图 5-28 对应的图形)。

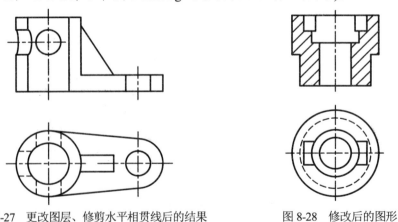

图 8-27　更改图层、修剪水平相贯线后的结果　　　　图 8-28　修改后的图形

本书下载文件中的图形文件"DWG\第 8 章\图 8-28.dwg"提供了对应的图形。

第 9 章

标注文字、创建表格

9.1　文字样式

目的：掌握利用 AutoCAD 2022 定义各种文字样式的操作方法与技巧。

上机练习 1　定义文字样式，要求如下。

文字样式名为"楷体 35"，字体采用"楷体"，字高为 3.5，其余设置采用系统的默认设置。

操作步骤如下。

单击"样式"工具栏或"文字"工具栏上的 (文字样式)按钮，或执行"格式"|"文字样式"命令，即执行 STYLE 命令，打开"文字样式"对话框，如图 9-1 所示。

单击"新建"按钮，在弹出的"新建文字样式"对话框中的"样式名"文本框中输入"楷体 35"，如图 9-2 所示。

图 9-1　"文字样式"对话框

图 9-2　"新建文字样式"对话框

单击"确定"按钮，返回"文字样式"对话框，如图 9-3 所示。

在"字体名"下拉列表中选择字体为"楷体"，并将"高度"设置为 3.5，如图 9-4 所示。

单击"应用"按钮，确认新文字样式(同时设置该样式为当前样式)，再单击"关闭"按钮，关闭该对话框。

本书下载文件中的图形文件"DWG\第 9 章\楷体 35.dwg"是定义有文字样式"楷体 35"的空白图形。

图 9-3　创建新样式

图 9-4　设置文字样式

上机练习 2　定义文字样式，要求如下。

文字样式名为"工程字 35"，SHX 字体采用 gbenor.shx，大字体采用 gbcbig.shx，字高为 3.5(该文字样式与在主教材中定义的文字样式"文字 35"相同)。

提示：

创建此文字样式时，对"文字样式"对话框的设置如图 9-5 所示。

图 9-5　文字样式"工程字 35"的设置

本书下载文件中的图形文件"DWG\第 9 章\工程字 35.dwg"是定义有文字样式"工程字 35"的空白图形。

上机练习 3　在当前图形中定义如下 3 种文字样式。

样式 1: 文字样式名为"宋体 35"，字体采用"宋体"，字高为 3.5。

样式 2: 文字样式名为"工程字 5"，SHX 字体采用 gbenor.shx，大字体采用 gbcbig.shx，字高为 5。

样式 3: 文字样式名为"工程字 7"，SHX 字体采用 gbenor.shx，大字体采用 gbcbig.shx，字高为 7。

本书下载文件中的图形文件"DWG\第 9 章\文字样式.dwg"是定义有以上 3 种文字样式的空白图形。

9.2　标注文字

目的：掌握采用不同方式为图形标注文字的方法。

上机练习 4 利用 DTEXT 命令，根据在本章上机练习 2 中定义的文字样式"工程字 35"对图 8-25(位于本书下载文件中的图形文件"DWG\第 8 章\图 8-25.dwg")标注如下文字。

技术要求
1. 棱角倒钝
2. 未加工表面涂防锈漆

标注结果如图 9-6 所示。

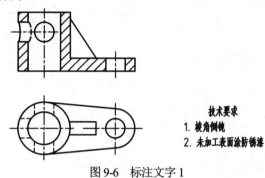

图 9-6 标注文字 1

操作步骤如下。

首先，打开本书下载文件中的图形文件"DWG\第 8 章\图 8-25.dwg"。

(1) 定义文字样式

定义文字样式"工程字 35"(定义方法与本章上机练习 2 中的相同)，并将该样式设为当前样式。

说明：

通过"样式"工具栏中的"文字样式控制"下拉列表，可以方便地将已有文字样式设为当前文字样式。

(2) 标注文字

将"文字"图层设为当前图层。执行"绘图"|"文字"|"单行文字"命令，即执行 DTEXT 命令，AutoCAD 会提示：

当前文字样式: 工程字 35 当前文字高度: 3.5000 注释性: 否 对正: 左
指定文字的起点或 [对正(J)/样式(S)]:(确定一点，作为第一行文字的起始点)
指定文字的旋转角度 <0>:↙

AutoCAD 在绘图屏幕上会显示一个表示当前文字位置的小矩形框，切换到中文输入法，在该小矩形框中输入对应的文字，如图 9-7 所示。

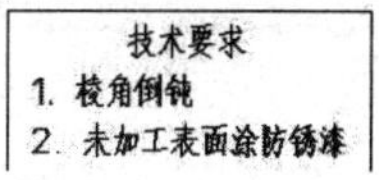

技术要求
1. 棱角倒钝
2. 未加工表面涂防锈漆

图 9-7 输入文字

说明：

(1) 输入中文时，应首先切换到中文输入法。

(2) 在输入文字"技术要求"前，先输入一些空格。

(3) 输入一行文字后，按 Enter 键换行，以便输入另一行文字。

完成文字的输入后，按两次 Enter 键(第一次表示换行，第二次表示结束)，结束文字的标注。

本书下载文件中的图形文件"DWG\第 9 章\图 9-6.dwg"是标注文字后的结果。

上机练习 5 打开本书下载文件中的图形文件"DWG\第 9 章\图 9-8a.dwg",得到如图 9-8(a)所示的图形。

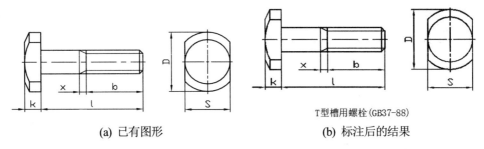

(a) 已有图形　　　　　　　　　　(b) 标注后的结果

图 9-8 标注文字 2

执行 DTEXT 命令,根据在本章上机练习 3 中定义的文字样式"宋体 35"对其标注如下文字:

T 型槽用螺栓(GB37-88)

标注后的结果如图 9-8(b)所示。

本书下载文件中的图形文件"DWG\第 9 章\图 9-8b.dwg"是标注文字后的结果。

上机练习 6 打开本书下载文件中的图形文件"DWG\第 9 章\图 9-9a.dwg",得到如图 9-9(a)所示的图形。

执行 MTEXT 命令,对其标注如下文字,其中字体采用宋体,字高为 3.5:

标注示例:
螺纹规格 D=M12、性能等级为 5 级、不经表面处理、C 级的 1 型六角螺母:
螺母 GB41-86-M12

标注后的结果如图 9-9(b)所示。

操作步骤如下。

首先,将"文字"图层设为当前图层(图中已定义了该图层)。

单击"绘图"工具栏或"文字"工具栏上的 A (多行文字)按钮,或执行"绘图"|"文字"|"多行文字"命令,即执行 MTEXT 命令,AutoCAD 提示:

指定第一角点:(指定一点)
指定对角点或 [高度(H)/对正(J)/行距(L)/旋转(R)/样式(S)/宽度(W)/栏(C)]:(指定对角点)

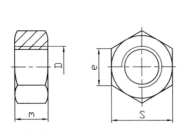

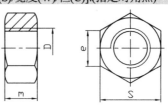

标注示例:
螺纹规格 D=M12、性能等级为 5 级、不经表面处理、C 级的 1 型六角螺母:
螺母 GB41-86-M12

(a) 已有图形　　　　　　　　　　(b) 标注后的结果

图 9-9 标注文字 3

系统将弹出文字输入窗格，在其中输入要标注的文字，并进行相关设置(如字体、字高等)，如图 9-10 所示。

标注示例：
螺纹规格D=M12、性能等级为5级、不经表面处理、C级的1型六角螺母：
螺母GB41-86-M12

图 9-10 利用在位文字编辑器输入文字

输入完毕后在绘图窗口单击鼠标左键，即可完成文字的标注。

本书下载文件中的图形文件"DWG\第 9 章\图 9-9b.dwg"是标注文字后的结果。

说明：

利用 MTEXT 命令标注文字时，不需要事先定义文字样式。

上机练习 7 打开本书下载文件中的图形文件"DWG\第 9 章\图 9-11a.dwg"，得到如图 9-11(a)所示的图形。

执行 MTEXT 命令，对其标注如下文字，其中字体采用"楷体_GB2312"，字高为 4：

同步带-连杆组合机构

当主动轮 1 以等角速度转动时，根据机构的不同尺度关系，杆 5 可以分别输出下列三种不同形式的运动：(1) 输出杆做单向匀速-非匀速运动；(2) 输出杆做匀速-具有瞬时停歇的非匀速转动；(3) 输出杆做匀速-具有逆或一定区间近似停歇的非匀速转动。

标注后的结果如图 9-11(b)所示。

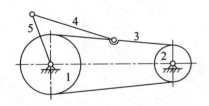

同步带-连杆组合机构
当主动轮1以等角速度转动时，根据机构的不同尺度关系，杆5可以分别
输出下列三种不同形式的运动:(1) 输出杆做单向匀速-非匀速运动；(2) 输
出杆做匀速-具有瞬时停歇的非匀速转动；(3) 输出杆做匀速-具有逆或一定
区间近似停歇的非匀速转动。

(a) 已有图形　　　　　　　　(b) 标注后的结果

图 9-11 标注文字 4

本书下载文件中的图形文件"DWG\第 9 章\图 9-11b.dwg"是标注文字后的结果。

9.3 编辑文字

目的： 了解 AutoCAD 2022 的文字编辑功能。

上机练习 8 编辑图 9-6(该图位于本书下载文件中的图形文件 "DWG\第 9 章\图 9-6.dwg")
中的文字，编辑结果如图 9-12 所示(用文字"铸造圆角半径 R5"代替"棱角倒钝")。

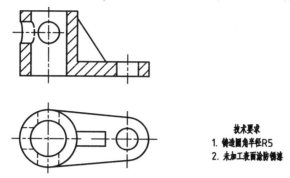

图 9-12 编辑后的文字 1

操作步骤如下。

首先，打开本书下载文件中的图形文件 "DWG\第 9 章\图 9-6.dwg"。

执行"修改"|"对象"|"文字"|"编辑"命令，在"选择注释对象或 [放弃(U)]:"提示
下选择文字"1. 棱角倒钝"，切换到编辑模式，如图 9-13 所示。

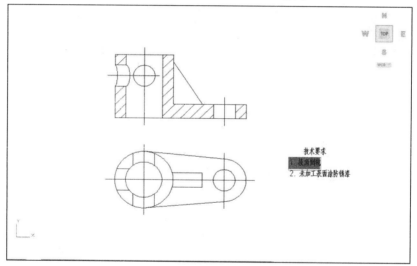

图 9-13 文字处于编辑状态

在如图 9-13 所示的编辑模式下，将原文字"棱角倒钝"替换为新文字"铸造圆角半径
R5"，之后在绘图屏幕的任意位置拾取一点，AutoCAD 提示：

选择注释对象或 [放弃(U)]:

按 Enter 键结束文字的编辑(也可以继续选择文字进行编辑)。

本书下载文件中的图形文件 "DWG\第 9 章\图 9-12.dwg"是修改文字后的结果。

上机练习 9 编辑图 9-11(b)(该图位于本书下载文件中的图形文件 "DWG\第 9 章\图 9-11b.dwg")
中的文字，编辑结果如图 9-14 所示，其中：标题字体改为黑体，字高是 4，其余字体仍为楷
体，但字高改为 3.5。

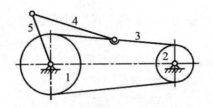

同步带-连杆组合机构

当主动轮1以等角速度转动时，根据机构的不同
尺度关系，杆5可以分别输出下列三种不同形式的运动。

图 9-14 编辑后的文字 2

提示：

执行"修改"|"对象"|"文字"|"编辑"命令，在"选择注释对象或 [放弃(U)]:"提示下选择已有文字，打开在位文字编辑器(因为此文字是通过在位文字编辑器标注的)，并显示出对应的文字。可以对文字进行各种编辑，如更改字体、字号，删除文字，添加文字，更改段落宽度等。

本书下载文件中的图形文件"DWG\第 9 章\图 9-14.dwg"是修改文字后的结果。

9.4 表格样式

目的：掌握定义各种表格样式的操作方法。

上机练习 10 定义表格样式，要求如下。

表格样式名为"新表格"，标题、表头和数据单元的文字样式均采用本章上机练习 2 中定义的"工程字 35"，数据均采用左对齐，数据距离单元格左边界的距离为 5，与单元格上、下边界的距离均为 0.5。

操作步骤如下。

(1) 定义文字样式

参照本章上机练习 2 中定义的文字样式"工程字 35"(过程略)。

(2) 定义表格样式

单击"样式"工具栏上的█(表格样式)按钮，或执行"格式"|"表格样式"命令，即执行 TABLESTYLE 命令，打开如图 9-15 所示的"表格样式"对话框。

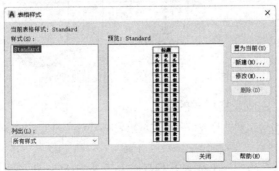

图 9-15 "表格样式"对话框 1

单击"新建"按钮,打开"创建新的表格样式"对话框,在"新样式名"文本框中输入"新表格",如图9-16所示。

图9-16　"创建新的表格样式"对话框

单击"继续"按钮,打开"新建表格样式"对话框,对数据和文字进行相应的设置,分别如图9-17和图9-18所示。

图9-17　设置数据基本特征　　　　　图9-18　设置文字特征

从图9-17和图9-18可以看出,已将文字样式设置为"工程字35",对齐方式采用"左中",单元水平边距设为5,垂直边距设为0.5。

单击"确定"按钮,返回如图9-19所示的"表格样式"对话框。

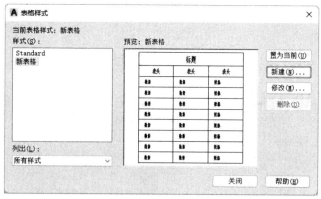

图9-19　"表格样式"对话框2

单击"关闭"按钮,完成表格样式的定义。

本书下载文件中的图形文件"DWG\第9章\新表格.dwg"是定义有对应表格的空白图形。

上机练习11　定义表格样式,要求如下。

表格样式名为"楷体表格",此样式无标题行和表头行(即标题行和表头行均定义成了数据行), 数据单元的文字样式采用本章上机练习 1 中定义的 "楷体 35", 表格数据均居中对齐, 数据距单元格左边界的距离为 5, 距单元格上、下边界的距离均为 0.5。

本书下载文件中的图形文件 "DWG\第 9 章\楷体表格.dwg" 是定义有对应表格的空白图形。

9.5 创建与编辑表格

目的: 了解 AutoCAD 2022 创建表格的功能。

上机练习 12 使用本章上机练习 10 中定义的表格样式 "新表格" 创建如图 9-20 所示的表格。

序号	名称	数量	材料	备注
1	护板	4	45	发蓝
2	活动块	1	HT200	
3	螺杆	1	45	
4	方块螺母	1	Q275	

图 9-20 创建表格 1

操作步骤如下。

(1) 定义表格样式

参照本章上机练习 10, 定义表格样式 "新表格" (过程略)。

(2) 创建表格

单击 "绘图" 工具栏上的 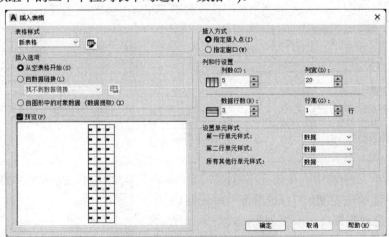(表格)按钮, 或执行 "绘图" | "表格" 命令, 即执行 TABLE 命令, 打开 "插入表格" 对话框, 在该对话框中进行相应设置, 如图 9-21 所示(在 "设置单元样式" 选项组中的三个下拉列表中均选择 "数据")。

图 9-21 "插入表格" 对话框

单击 "确定" 按钮, AutoCAD 提示:

指定插入点:

在此提示下确定表格的插入位置后, 打开文字输入表格(如图 9-22 所示), 并在 "默认"

功能区显示出“文字编辑器”选项卡。

在如图9-22所示的表格中输入相应文字，如图9-23所示(按箭头键可在各单元格中切换)。

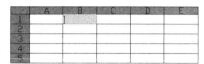

	A	B	C	D	E
1					
2					
3					
4					
5					

图9-22　处于文字输入状态的表格

	A	B	C	D	E
1	序号	名称	数量	材料	备注
2	1	护板	4	45	
3	2	活动块	1	HT200	
4	3	螺杆	1	45	
5	4	方块螺母	1	Q275	

图9-23　输入文字

单击“确定”按钮，完成表格文字的输入，结果如图9-24所示。

序号	名称	数量	材料	备注
1	护板	4	45	
2	活动块	1	HT200	
3	螺杆	1	45	
4	方块螺母	1	Q275	

图9-24　输入文字后的表格

从图9-24中可以看出，所创建的表格与图9-20所示的不太一致。可以通过下面介绍的编辑操作得到对应的表格(本书下载文件中的图形文件“DWG\第9章\图9-24”中有与图9-24对应的表格，以便于读者进行编辑)。

(3) 编辑表格

① 修改表格文字

假设当前打开了图9-24所示的表格，单击表格中的某一单元格，然后双击该单元格，即可进入表格编辑模式，编辑文字，编辑结果如图9-25所示。

从图9-25中可以看出，已在“备注”列输入了文字“发蓝”。读者还可以修改其他单元格中的文字(用箭头键切换单元格)。

单击“确定”按钮，完成表格文字的修改，修改后的结果如图9-26所示。

	A	B	C	D	E
1	序号	名称	数量	材料	备注
2	1	护板	4	45	发蓝
3	2	活动块	1	HT200	
4	3	螺杆	1	45	
5	4	方块螺母	1	Q275	

图9-25　编辑表格文字

序号	名称	数量	材料	备注
1	护板	4	45	发蓝
2	活动块	1	HT200	
3	螺杆	1	45	
4	方块螺母	1	Q275	

图9-26　修改后的表格文字

② 修改表格列宽、行高

● 修改第一列

选中第一列单元格(选中一个单元格后，按Shift键，再在其他单元格上单击左键，可以选择多个单元格)，显示出夹点，此时拖动左夹点可改变列宽，如图9-27所示(也可以利用“特性”选项板设置列宽，参见本章上机练习15)。选中单元格后还会在功能区显示出“表格单元”功能区。

	A	B	C	D	E
1	序号	名称	数量	材料	备注
2	1	护板	4	45	发蓝
3	2	活动块	1	HT200	
4	3	螺杆	1	45	
5	4	方块螺母	1	Q275	

图9-27　通过夹点改变列宽

从“表格单元”功能区的“对齐”下拉列表中选择“正中”命令，如图9-28所示。

执行结果如图9-29所示。

用类似的方法调整其他单元格，调整后的结果如图9-30所示。

本书下载文件中的图形文件"DWG\第 9 章\图 9-20.dwg"提供了对应的表格。

图 9-28　设置单元对齐方式

序 号	名 称	数 量	材 料	备 注
1	护板	4	45	发蓝
2	活动块	1	HT200	
3	螺杆	1	45	
4	方块螺母	1	Q275	

图 9-29　使第一列居中后的结果

序 号	名 称	数 量	材 料	备 注
1	护板	4	45	发蓝
2	活动块	1	HT200	
3	螺杆	1	45	
4	方块螺母	1	Q275	

图 9-30　调整后的表格

上机练习 13　利用本章上机练习 11 中所示的表格样式"楷体表格"创建图 9-31 所示的表格。

图层名	线　型	颜　色
粗实线	Continuous	白色
细实线	Continuous	蓝色
点画线	CENTER	红色
波浪线	Continuous	青色
辅助线	Continuous	绿色
虚　线	DASHED	黄色

图 9-31　创建表格 2

本书下载文件中的图形文件"DWG\第 9 章\图 9-31.dwg"提供了对应的表格。

9.6　综合练习

上机练习 14　打开本书下载文件中的图形文件"DWG\第 9 章\图 9-32a.dwg",得到如图 9-32(a)所示的图形。对其添加指引线,并标注文字(字体为宋体、字高为 3.5),结果如图 9-32(b)所示。

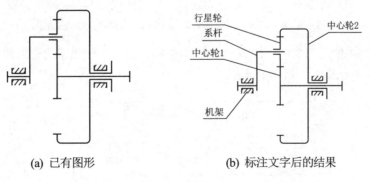

(a) 已有图形　　　　　　　(b) 标注文字后的结果

图 9-32　标注文字

操作步骤如下。

(1) 在"细实线"图层绘制指引线,绘制结果如图9-33所示(直接用LINE命令绘制即可,图中已创建了该图层)。

(2) 标注文字

在"文字"图层,按字体(宋体)和字高(3.5)要求标注"机架"二字,如图9-34所示(用DTEXT命令或MTEXT命令标注均可,但执行DTEXT命令之前,应先设置对应的文字样式)。

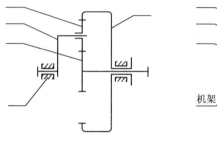
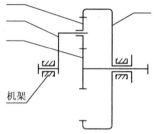

图9-33　绘制指引线　　　　　图9-34　标注"机架"二字

(3) 复制

将已标注的"机架"二字复制到其他位置,复制后的结果如图9-35所示。

(4) 修改文字

对图9-35中的文字进行修改,执行"修改"|"对象"|"文字"|"编辑"命令,在"选择注释对象或[放弃(U)]:"提示下选择除左下角"机架"外的某一文字,并在对应的编辑模式下修改文字,然后依次修改其他文字,最终结果如图9-36所示(同时还利用夹点功能调整了对应直线的长度以及文字的位置)。

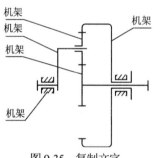
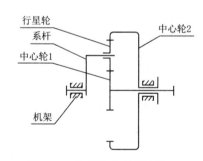

图9-35　复制文字　　　　　　图9-36　编辑文字后的结果

本书下载文件中的图形文件"DWG\第9章\图9-32b.dwg"提供了对应的修改结果。

上机练习15　创建如图9-37所示的表格。

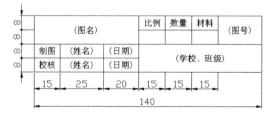

图9-37　创建表格3

操作步骤如下。

(1) 首先，创建一个 4 行、7 列的空表格，创建结果如图 9-38 所示(列宽、行高采用任意值均可，后面再对其进行编辑)。

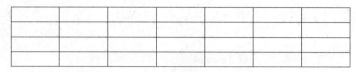

图 9-38 创建表格 4

(2) 编辑表格

① 调整列宽、行高

根据图 9-37 所示，调整各列的宽度和各行的高度。下面以将第一列的列宽调整为 15、将各行行高调整为 8 为例进行说明。

选中第一列，右击，从弹出的快捷菜单中选择"特性"命令，打开如图 9-39 所示的"特性"选项板。

在该选项板中，将"单元宽度"设为 15，并将"单元高度"设为 8，然后在绘图屏幕任意位置拾取一点，即可将第一列的宽度设为 15，并将所有行的高度设为 8。

② 合并单元格

对表格合并单元格，结果如图 9-40 所示。操作方法为：选中要合并的单元格，从"表格单元"功能区的"合并单元"列表中选择"合并全部"选项，如图 9-41 所示。

图 9-39 "特性"选项板

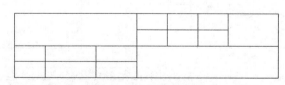

图 9-40 合并单元格

图 9-41 选择"合并全部"选项

提示：

合并单元格后，按 Esc 键即可取消所显示的夹点。

(3) 输入文字

双击表格进入文字输入模式，并在相应的单元格中依次输入文字，输入文字后的结果如图 9-42 所示。

	A	B	C	D	E	F	G
1		(图名)		比例	数量	材料	(图号)
2							
3	制图	(姓名)	(日期)		(学校、班级)		
4	校核	(姓名)	(日期)				

图 9-42　输入文字后的结果

单击“确定”按钮，然后调整表格中各文字的对齐方式。操作方法为：选中所有单元格，从“表格单元”功能区中的“对齐”列表中，选择“正中”选项(见图 9-43)，或从快捷菜单中选择“对齐”|“正中”命令，即可得到如图 9-37 所示的结果。

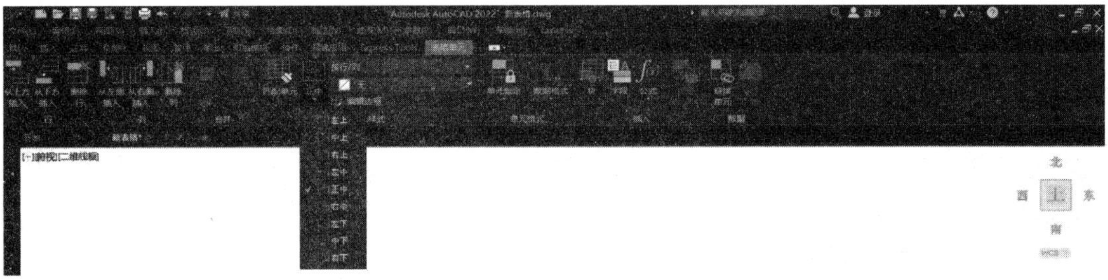

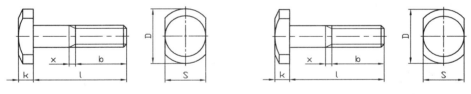

图 9-43　选择“正中”选项

本书下载文件中的图形文件“DWG\第 9 章\图 9-37.dwg”中提供了对应的表格。

上机练习 16　打开本书下载文件中的图形文件“DWG\第 9 章\图 9-44a.dwg”，得到如图 9-44(a)所示的图形。对其创建表格，结果如图 9-44(b)所示。要求：字体采用宋体、字高为 3.5。

序号	螺纹规格d	b	x	l	k	S	D
1	M16	38	5.0	50-160	12.35	28	38
2	M20	46	6.3	65-200	14.35	34	46
3	M24	54	7.5	80-240	16.35	44	58

(a) 已有图形　　(b) 创建表格后的结果

图 9-44　创建表格 5

本书下载文件中的图形文件“DWG\第 9 章\图 9-44b.dwg”中提供了对应的表格。

第 10 章

标注尺寸

10.1 尺寸标注样式

目的：了解尺寸标注样式(简称"标注样式")的定义与功能。

上机练习 1 定义符合机械制图要求的尺寸标注样式。对该标注样式的要求是：标注样式的名称是"尺寸 35"，尺寸文字样式采用第 9 章上机练习 2 中定义的文字样式"工程字 35"，尺寸箭头长度为 3.5。

说明：

本练习介绍的尺寸标注样式的定义过程与本书配套的《中文版 AutoCAD 工程制图(2022版)》一书中例 10-1 介绍的定义过程基本相同。因为本章要频繁使用该标注样式，所以在此会再次介绍定义标注样式"尺寸 35"的操作方法。

操作步骤如下。

单击"样式"工具栏或"标注"工具栏上的 ▨(标注样式)按钮，或执行"标注"|"标注样式"命令，即执行 DIMSTYLE 命令，打开如图 10-1 所示的"标注样式管理器"对话框。

单击该对话框中的"新建"按钮，打开"创建新标注样式"对话框，在该对话框中的"新样式名"文本框中输入"尺寸 35"，如图 10-2 所示。

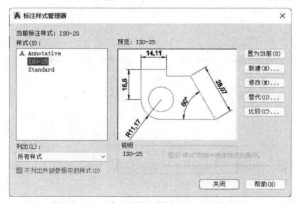

图 10-1　"标注样式管理器"对话框 1

图 10-2　"创建新标注样式"对话框 1

单击"继续"按钮，打开"新建标注样式"对话框，在该对话框中的"线"选项卡中进行相应的设置，如图10-3所示。

在"线"选项卡中已进行的设置包括：将"基线间距"设置为5.5，"超出尺寸线"设置为2，"起点偏移量"设置为0。

切换到"符号和箭头"选项卡，并在该选项卡中设置尺寸箭头的特性，如图10-4所示。

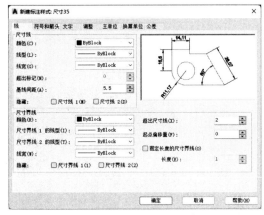

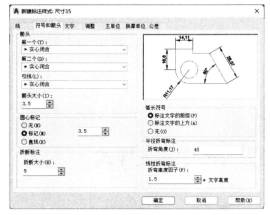

图10-3　"线"选项卡　　　　　　　　图10-4　"符号和箭头"选项卡

从图10-4中可以看出，已进行的设置包括：将"箭头大小"设置为3.5，"圆心标记"选项组中的"大小"设置为3.5，"折断大小"设置为5，其余各项采用默认设置，即基础样式ISO-25的设置。

切换到"文字"选项卡，在该选项卡中设置尺寸文字的特性，如图10-5所示。

从图10-5中可以看出，已进行的设置包括：将"文字样式"设置为"工程字35"；"从尺寸线偏移"设置为1；"文字对齐"方式设置为"与尺寸线对齐"。

切换到"主单位"选项卡，在该选项卡中进行相应的设置，如图10-6所示。

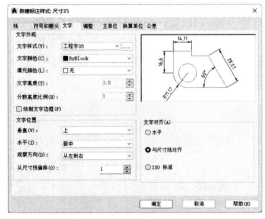

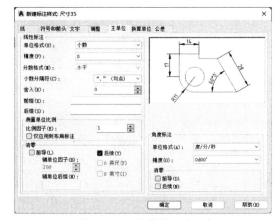

图10-5　"文字"选项卡1　　　　　　　图10-6　"主单位"选项卡

单击"新建标注样式"对话框中的"确定"按钮，AutoCAD返回如图10-7所示的"标注样式管理器"对话框。

从图10-7中可以看出，新创建的标注样式"尺寸35"已经显示在"样式"列表框中。下面我们为角度尺寸的标注定义子样式。

在图10-7所示的对话框中，单击"新建"按钮，打开"创建新标注样式"对话框，在该对话框的"基础样式"下拉列表中选中"尺寸 35",在"用于"下拉列表中选中"角度标注"选项,如图 10-8 所示。

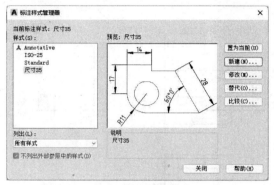

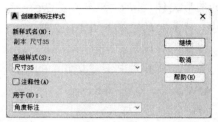

图 10-7 "标注样式管理器"对话框 2　　　图 10-8 "创建新标注样式"对话框 2

单击该对话框中的"继续"按钮,打开"新建标注样式"对话框,在该对话框中的"文字"选项卡中,选中"文字对齐"选项组中的"水平"单选按钮,其余设置保持不变,如图 10-9 所示。

单击该对话框中的"确定"按钮,完成角度样式的设置,返回"标注样式管理器"对话框,如图 10-10 所示。

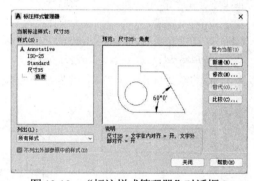

图 10-9 "文字"选项卡 2　　　图 10-10 "标注样式管理器"对话框 3

单击该对话框中的"关闭"按钮,关闭该对话框,完成尺寸标注样式"尺寸 35"的设置,且 AutoCAD 将该样式设为当前样式。

本书下载文件中的图形文件"DWG\第 10 章\尺寸 35.dwg"是定义有尺寸标注样式"尺寸 35"的空白图形。

10.2 对图形标注尺寸

目的:了解 AutoCAD 2022 的尺寸标注功能。

为了操作方便,标注尺寸时可以打开如图 10-11 所示的"标注"工具栏。

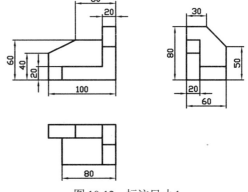

图 10-11　"标注"工具栏

上机练习 2　利用本章上机练习 1 中定义的标注样式"尺寸 35"，对本书下载文件中的图形文件"第 6 章\图 6-8.dwg"标注尺寸，标注后的结果如图 10-12 所示。

操作步骤如下。

首先，打开本书下载文件中的图形文件"DWG\第 6 章\图 6-8.dwg"。

(1) 定义文字样式

参照本章上机练习 1，定义标注样式"尺寸 35"(过程略)。

图 10-12　标注尺寸 1

(2) 标注尺寸

将标注样式"尺寸 35"设置为当前样式，并将"细实线"图层设置为当前图层。

① 在主视图上标注水平尺寸 100(见图 10-12)

单击"标注"工具栏上的■(线性)按钮，或执行"标注"|"线性"命令，即执行 DIMLINEAR 命令，AutoCAD 提示：

> 指定第一个尺寸界线原点或 <选择对象>:↙
> 选择标注对象:(选择尺寸为 100 的水平边)
> 指定尺寸线位置或
> [多行文字(M)/文字(T)/角度(A)/水平(H)/垂直(V)/旋转(R)]:(向下拖动鼠标，使尺寸线位于适当位置，单击鼠标拾取键)

标注后的结果如图 10-13 所示(为节省篇幅，只显示了第一个视图)。

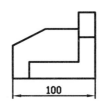

图 10-13　标注水平尺寸 100

② 在主视图上标注水平尺寸 20(见图 10-12)

执行 DIMLINEAR 命令，AutoCAD 提示：

> 指定第一个尺寸界线原点或 <选择对象>:(捕捉图 10-13 中位于最上方的短边的左端点)
> 指定第二个尺寸界线原点:(捕捉图 10-13 中位于最上方的短边的右端点)
> 指定尺寸线位置或
> [多行文字(M)/文字(T)/角度(A)/水平(H)/垂直(V)/旋转(R)]:(向上拖动鼠标，使尺寸线位于适当位置，单击鼠标拾取键)

标注后的结果如图 10-14 所示。

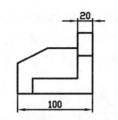

图 10-14　标注水平尺寸 20

③ 在主视图上标注垂直尺寸 60(见图 10-12)

执行 DIMLINEAR 命令，AutoCAD 提示：

指定第一个尺寸界线原点或 <选择对象>:(捕捉对应的端点)
指定第二个尺寸界线原点:(捕捉另一个端点)
指定尺寸线位置或
[多行文字(M)/文字(T)/角度(A)/水平(H)/垂直(V)/旋转(R)]:(向左拖动鼠标，使尺寸线位于适当位置，单击鼠标拾取键)

标注后的结果如图 10-15 所示。

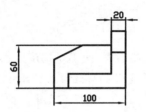

图 10-15　标注垂直尺寸 60

④ 标注其余尺寸

用类似的方法标注其余尺寸，即可得到如图 10-12 所示的标注结果。

本书下载文件中的图形文件"DWG\第 10 章\图 10-12.dwg"是标注有对应尺寸的图形。

上机练习 3　利用本章上机练习 1 中定义的标注样式"尺寸 35"，对本书下载文件中的图形文件"DWG\第 6 章\图 6-12.dwg"(见图 6-12)标注尺寸，标注后的结果如图 10-16 所示。

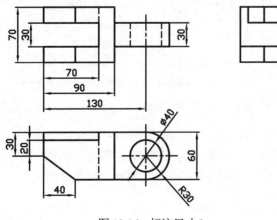

图 10-16　标注尺寸 2

本书下载文件中的图形文件"DWG\第10章\图10-16.dwg"是标注有对应尺寸的图形。

上机练习4 利用本章上机练习1中定义的标注样式"尺寸35"，对本书下载文件中的图形文件"DWG\第9章\图9-6.dwg"(见图9-6)标注尺寸，标注后的结果如图10-17所示。

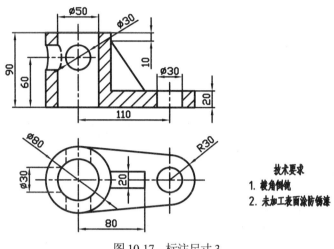

图10-17 标注尺寸3

本书下载文件中的图形文件"DWG\第10章\图10-17.dwg"是标注有对应尺寸的图形。

上机练习5 利用本章上机练习1中定义的标注样式"尺寸35"，对本书下载文件中的图形文件"DWG\第6章\图6-36.dwg"(见图6-36)标注尺寸，标注后的结果如图10-18所示。

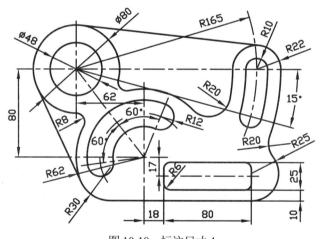

图10-18 标注尺寸4

本书下载文件中的图形文件"DWG\第10章\图10-18.dwg"是标注有对应尺寸的图形。

上机练习6 打开本书下载文件中的图形文件"DWG\第10章\图10-19a.dwg"，得到如图10-19(a)所示的图形。利用本章上机练习1中定义的标注样式"尺寸35"对其标注尺寸，标注后的结果如图10-19(b)所示。

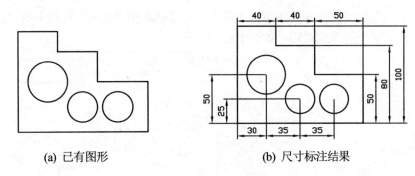

(a) 已有图形　　　　　　　(b) 尺寸标注结果

图 10-19　标注尺寸 5

本书下载文件中的图形文件"DWG\第 10 章\图 10-19b.dwg"是标注有对应尺寸的图形。

10.3 标注尺寸公差与形位公差

目的： 了解 AutoCAD 2022 的尺寸公差标注、形位公差标注功能。

上机练习 7　打开本书下载文件中的图形文件"DWG\第 10 章\图 10-20a.dwg"，得到如图 10-20(a) 所示的图形。利用标注样式"尺寸 35"对其标注直径尺寸及公差，标注后的结果如图 10-20(b) 所示(本书下载文件中的图形文件"DWG\第 10 章\图 10-20a.dwg"中已包含标注样式"尺寸 35")。

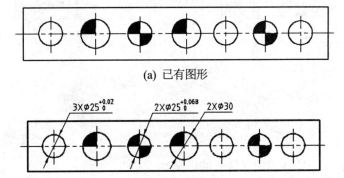

(a) 已有图形

(b) 尺寸标注结果

图 10-20　标注尺寸 6

操作步骤如下。

首先，将"细实线"图层设为当前图层。

(1) 修改标注样式

参照本章上机练习 1，定义标注样式"尺寸 35"(过程略)。

为标注出图 10-20(b)所示效果的直径尺寸，下面在标注样式"尺寸 35"的基础上为直径尺寸标注定义子样式。

执行 DIMSTYLE 命令，在弹出的"标注样式管理器"对话框中(见图 10-10)选择"尺寸 35"选项。单击"新建"按钮，在弹出的"创建新标注样式"对话框中的"用于"下拉列表中选择"直径标注"选项，如图 10-21 所示。

单击"继续"按钮，打开"新建标注样式"对话框，在"文字"选项卡的"文字对齐"选项组中选中"水平"单选按钮，如图 10-22 所示。

图 10-21　"创建新标注样式"对话框　　　图 10-22　"文字"选项卡 3

单击"确定"按钮，返回"标注样式管理器"对话框，如图 10-23 所示。

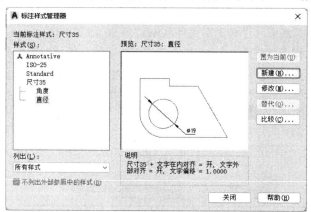

图 10-23　"标注样式管理器"对话框 4

单击"关闭"按钮，完成直径子样式的定义。

(2) 标注直径尺寸与公差

首先，标注直径尺寸 $3\times \phi 25$ 及其公差。

单击"标注"工具栏上的按钮，或执行"标注"|"直径"命令，即执行DIMDIAMETER 命令，AutoCAD 提示：

选择圆弧或圆:(选择位于最左边的圆)
指定尺寸线位置或 [多行文字(M)/文字(T)/角度(A)]: M↙

AutoCAD 在功能区显示出"文字编辑器"选项卡，并显示出所拾取圆的测量尺寸($\phi 25$)，如图 10-24 所示。

图 10-24　显示"文字格式"工具栏和圆的测量尺寸

通过文字输入窗口修改已有的尺寸文字，即在尺寸文字"$\phi25$"之前添加"3×"，在尺寸文字"$\phi25$"之后输入表示公差的部分"+0.02^　0"，修改后的结果如图 10-25 所示(只显示了尺寸文字部分)。

注意，要在最后的 0 之前添加一个空格，以便使标注的上下偏差沿垂直方向对齐。

选中"+0.02^　0"，单击"文字编辑器"选项卡上的 (堆叠)按钮，所输入的公差文字将以堆叠形式显示，如图 10-26 所示。

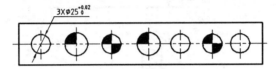

图 10-25　修改尺寸文字　　　　　　图 10-26　以堆叠形式显示公差

确定尺寸值后单击鼠标左键，AutoCAD 提示：

指定尺寸线位置或 [多行文字(M)/文字(T)/角度(A)]:

在此提示下确定尺寸线的位置，即可标注出对应的尺寸，标注后的结果如图 10-27 所示。

图 10-27　标注直径尺寸后的结果

用类似的方法标注其他直径尺寸及公差，即可得到图 10-20(b)所示的标注结果。

本书下载文件中的图形文件"DWG\第 10 章\图 10-20b.dwg"是标注有直径尺寸和公差的图形。

上机练习 8　利用本章上机练习 1 中定义的标注样式"尺寸 35"，对本书下载文件中的图形文件"DWG\第 8 章\图 8-28.dwg"(见图 8-28)标注尺寸以及对应的公差，标注后的结果如图 10-28 所示。

本书下载文件中的图形文件"DWG\第 10 章\图 10-28.dwg"是标注有尺寸和公差的图形。

上机练习 9　利用本章上机练习 1 中定义的标注样式"尺寸 35"，对本书下载文件中的图形文件"DWG\第 10 章\图 10-28.dwg"(见图 10-28)标注垂直度，标注后的结果如图 10-29 所示。

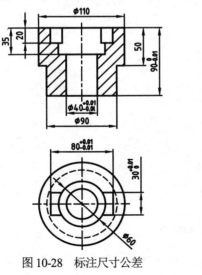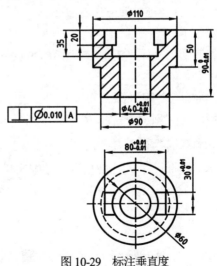

图 10-28　标注尺寸公差　　　　　　图 10-29　标注垂直度

说明：

标注垂直度时，应先执行 TOLERANCE 命令，标注出垂直度；再执行 MLEADER 命令，绘制出引线。

本书下载文件中的图形文件"DWG\第 10 章\图 10-29.dwg"是标注有垂直度的图形。

10.4 编辑尺寸

目的：了解 AutoCAD 2022 的尺寸编辑功能。

上机练习 10　对本书下载文件中的图形文件"DWG\第 10 章\图 10-29.dwg"(见图 10-29)修改尺寸和垂直度值，修改后的结果如图 10-30 所示。

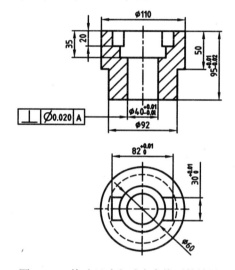

图 10-30　修改尺寸和垂直度值后的结果

对比图 10-29 和图 10-30 可以看出，原高度尺寸 90 及公差、直径尺寸 90、俯视图中的尺寸 80 及其公差，以及垂直度值均有改变。

操作步骤如下。

首先，打开图形文件"第 10 章\图 10-29.dwg"。

(1) 修改尺寸

① 修改高度尺寸 90 及其公差

执行"修改"|"对象"|"文字"|"编辑"命令，AutoCAD 提示：

选择注释对象或 [放弃(U)]:

在此提示下选择尺寸 90，切换到尺寸编辑模式，如图 10-31 所示。

图 10-31　尺寸编辑模式

将尺寸 90 改为 95，选中 $^{0}_{-0.01}$，单击按钮 ，$^{0}_{-0.01}$ 变为非堆叠形式，如图 10-32 所示。

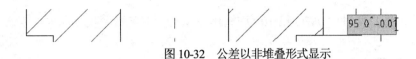

图 10-32 公差以非堆叠形式显示

修改公差值，如图 10-33 所示。

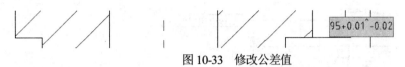

图 10-33 修改公差值

选中 0.01^-0.02，单击按钮 ，使修改后的公差以堆叠形式显示，显示结果如图 10-34 所示。

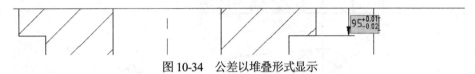

图 10-34 公差以堆叠形式显示

单击工具栏上的"确定"按钮，完成尺寸 90 及其公差的修改。

② 修改其他尺寸或公差

用类似的方法修改其他尺寸或公差，修改后的结果如图 10-35 所示。

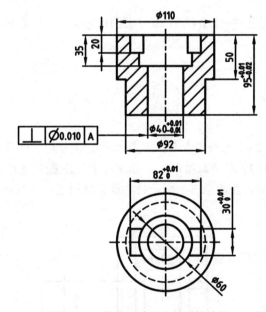

图 10-35 修改尺寸及公差后的结果

(2) 修改垂直度值

垂直度标注的修改与前面的尺寸标注修改类似。执行"修改"|"对象"|"文字"|"编辑"命令，AutoCAD 提示：

选择注释对象或 [放弃(U)]:

在此提示下选择垂直度标注，弹出对应的"形位公差"对话框，利用其进行修改即可。

本书下载文件中的图形文件"DWG\第 10 章\图 10-30.dwg"是修改了尺寸和垂直度值后的图形。

上机练习 11 对本书下载文件中的图形文件"DWG\第 10 章\图 10-17.dwg"(见图 10-17)中的部分尺寸添加公差,并标注垂直度,结果如图 10-36 所示。

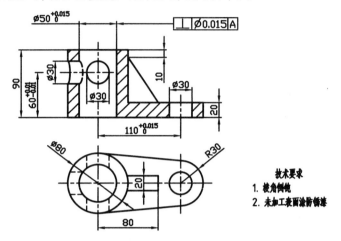

图 10-36 添加公差、标注垂直度

本书下载文件中的图形文件"DWG\第 10 章\图 10-36.dwg"是添加了公差并标注有垂直度的图形。

10.5 综合练习

目的: 综合应用 AutoCAD 2022 的绘图命令以及在绘图过程中灵活应用尺寸标注功能。

上机练习 12 绘制如图 10-37 所示的图形,并标注尺寸与公差(图中给出了主要尺寸,其余尺寸由读者自行确定)。要求:根据表 5-1 所示的要求创建图层,标注样式为本章上机练习 1 中定义的"尺寸 35"。

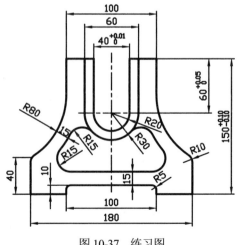

图 10-37 练习图

本书下载文件中的图形文件"DWG\第 10 章\图 10-37.dwg"中提供了对应的图形。

上机练习 13 绘制如图 10-38 所示的轴,并标注尺寸与公差(图中给出了主要尺寸,其余尺寸由读者自行确定)。要求:根据表 5-1 所示的要求创建图层,标注样式为本章上机练习 1 中定义的"尺寸 35"。

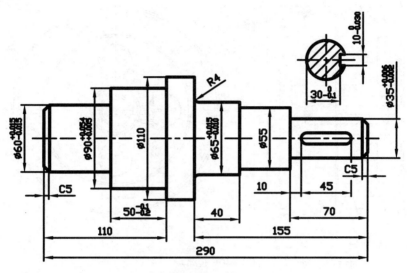

图 10-38 轴

本书下载文件中的图形文件"DWG\第 10 章\图 10-38.dwg"中提供了对应的图形。

上机练习 14 绘制如图 10-39 所示的齿轮,并标注尺寸和公差(图中给出了主要尺寸,其余尺寸由读者自行确定)。要求:根据表 5-1 所示的要求创建图层,标注样式为本章上机练习 1 中定义的"尺寸 35"。

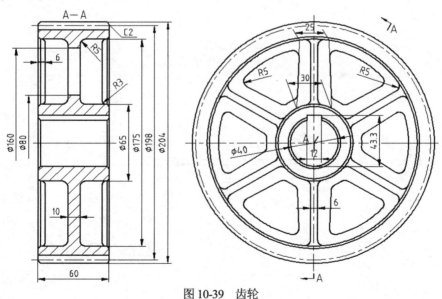

图 10-39 齿轮

本书下载文件中的图形文件"DWG\第 10 章\图 10-39.dwg"中提供了对应的图形。

上机练习 15 绘制如图 10-40 所示的皮带轮,并标注尺寸和公差(图中给出了主要尺寸,其余尺寸由读者自行确定)。要求:根据表 5-1 所示的要求创建图层,标注样式为本章上机练习1 中定义的"尺寸 35"。

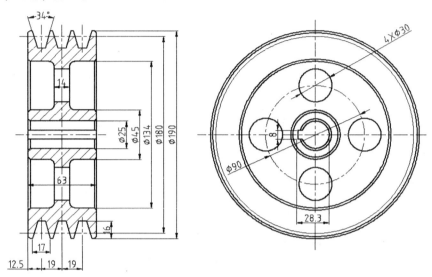

图 10-40 皮带轮

本书下载文件中的图形文件"DWG\第 10 章\图 10-40.dwg"中提供了对应的图形。

第 11 章

块与属性

11.1 定义块、插入块

目的：掌握在 AutoCAD 2022 中定义块、插入块的操作方法和技巧。

上机练习 1 打开本书下载文件中的图形文件"DWG\第 11 章\图 11-1.dwg"，得到如图 11-1 所示的螺栓图形(图中标有字母 A 位置的交点用于后续操作)。

将其定义为外部块，块名为"螺栓.dwg"。

操作步骤如下。

假设当前已打开本书下载文件中的图形文件"DWG\第 11 章\图 11-1.dwg"。

执行 WBLOCK 命令，打开如图 11-2 所示的"写块"对话框。

图 11-1 螺栓   图 11-2 "写块"对话框 1

单击"选择对象"按钮，切换到绘图屏幕，选择螺栓图形后按 Enter 键返回到"写块"对话框。单击"拾取点"按钮，再次切换到绘图屏幕，AutoCAD 提示：

确定插入基点：

在此提示下捕捉图 11-1 中的 A 点，返回"写块"对话框。通过该对话框中的□□按钮确定保存位置以及文件名(螺栓)，如图 11-3 所示。

图 11-3 "写块"对话框 2

单击"确定"按钮，完成块的定义。

本书下载文件中的图形文件"DWG\第 11 章\螺栓.dwg"是对应的外部块文件，该图形中还有通过 BLCOK 命令创建的螺栓块(块名为"螺栓")。

上机练习 2 打开本书下载文件中的图形文件"DWG\第 11 章\图 11-4.dwg"，得到如图 11-4 所示的图形。

执行 BLOCK 命令将其创建成块，其块名是"机架"；块基点是零件底面的右端点。

本书下载文件中的图形文件"DWG\第 11 章\机架.dwg"中提供了对应的机架块。

说明：

本书下载文件中的图形文件"DWG\第 11 章\螺母.dwg"是图 11-5 所示的螺母视图的外部块，该图形中还包括通过 BLOCK 命令创建的名为"螺母"的块；本书下载文件中的图形文件"DWG\第 11 章\轴承.dwg"是图 11-6 所示轴承的外部块，该图形中还包括通过 BLOCK 命令创建的名为"轴承"的块。

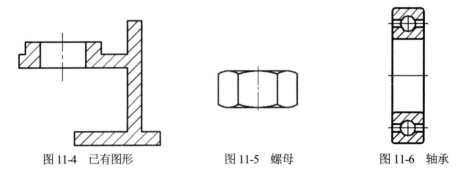

图 11-4 已有图形　　　　　图 11-5 螺母　　　　　图 11-6 轴承

上机练习 3 打开本书下载文件中的图形文件"DWG\第 11 章\图 11-7a.dwg"，得到如图 11-7(a) 所示的图形。对其插入外部块"螺栓.dwg"和"螺母.dwg"(分别位于本书下载文件中的图形文件"DWG\第 11 章\螺栓.dwg"和"DWG\第 11 章\螺母.dwg"),并进行整理,结果如图 11-7(b)
所示。

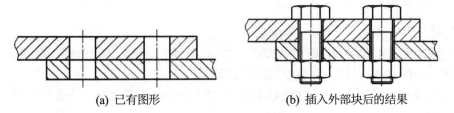

(a) 已有图形　　　　　　　　　　　(b) 插入外部块后的结果

图 11-7　插入外部块

操作步骤如下。

(1) 插入螺栓、螺母

单击"绘图"工具栏上的 ▣ (插入块)按钮,或执行"插入"|"块"命令,即执行 INSERT
命令,AutoCAD 打开块插入界面,通过"选择文件"按钮 ▣ 找到文件"螺栓.dwg",如图 11-8
所示(选中"插入点"和"旋转"复选框,表示由操作者确定插入点和插入角度)。

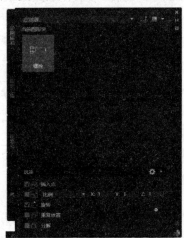

图 11-8　块插入界面

在图 11-8 所示的"螺栓.dwg"图标上右击,从弹出的快捷菜单中选择"插入"命令,
AutoCAD 提示:

指定插入点或 [基点(B)/比例(S)/X/Y/Z/旋转(R)]:(捕捉对应的插入点)
指定旋转角度 <0>: -90✓

执行结果如图 11-9 所示。

用类似的方法在另一个位置插入"螺栓",并插入"螺母",插入结果如图 11-10 所示。

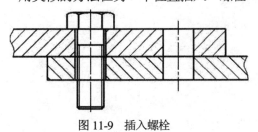

图 11-9　插入螺栓

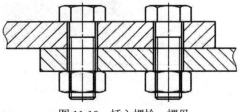

图 11-10　插入螺栓、螺母

说明：

也可以先在一个位置插入外部块"螺栓"和"螺母"，经整理后，再将其复制到另一个位置。

(2) 修剪

先执行 EXPLODE 命令(即执行"修改"|"分解"命令)将插入的块分解，再执行 TRIM 命令修剪图 11-10，即可得到如图 11-7(b)所示的图形。

本书下载文件中的图形文件"DWG\第 11 章\图 11-7b.dwg"是插入块并经过整理后的图形。

11.2　属性

目的：掌握 AutoCAD 的属性的用法。

上机练习 4　打开本书下载文件中的图形文件"DWG\第 11 章\图 11-11.dwg"，得到如图 11-11 所示的图形。对其定义属性，并创建块，以便绘制如图 11-12 所示形式的基准符号。其中，属性标记用 A 表示，块名为 BASE1，采用的文字样式是第 9 章上机练习 2 中定义的"工程字 35"。

图 11-11　图形符号　　　　图 11-12　基准符号

操作步骤如下。

假设已打开本书下载文件中的图形文件"DWG\第 11 章\图 11-11.dwg"，并将"文字"图层设为当前图层。

(1) 创建属性

执行"绘图"|"块"|"定义属性"命令，即执行 ATTDEF 命令，打开"属性定义"对话框，在该对话框中进行相应的设置，如图 11-13 所示。

图 11-13　"属性定义"对话框

从图 11-13 中可以看出，已将属性"标记"设为 A，"提示"设为"输入基准符号"，属性默认值设为 A，"对正"方式采用"中间"，"文字样式"选用"工程字 35"。

单击"确定"按钮，AutoCAD 提示：

指定起点：

捕捉图 11-11 的圆心，即可完成属性的定义，定义结果如图 11-14 所示。

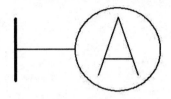

图 11-14 定义属性后的结果(A 是属性标记)

(2) 创建块

单击"绘图"工具栏上的■(创建块)按钮，或执行"绘图"|"块"|"创建"命令，即执行 BLOCK 命令，打开"块定义"对话框，在该对话框中进行相应的设置，如图 11-15 所示。

从图 11-15 中可以看出，块名为 BASE1；通过"拾取点"按钮，拾取图 11-14 中水平线与垂直线的交点作为块基点；通过"选择对象"按钮，选择组成块的对象(还应选中属性标记)，块的说明文字为"基准符号 1"。

单击"确定"按钮，即可完成块的创建。

由于在图 11-15 所示的"块定义"对话框中选中了"转换为块"单选按钮，因此单击"确定"按钮后，还会弹出如图 11-16 所示的"编辑属性"对话框，要求输入块的属性值，响应后单击"确定"按钮，将在当前图形中显示一个基准符号块。

图 11-15 "块定义"对话框

图 11-16 "编辑属性"对话框

本书下载文件中的图形文件"DWG\第 11 章\图 11-12.dwg"中提供了 ROU1、ROU2、

BASE1、BASE2、BASE3 和 BASE4 块(它们均含有属性)，使用它们可以绘制图 11-17 所示的符号。

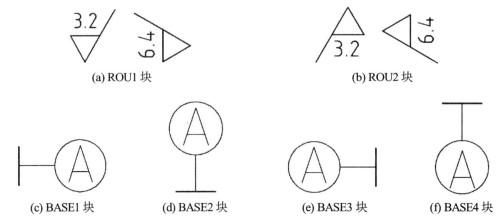

(a) ROU1 块　　　　　　　　　　　　　　(b) ROU2 块

(c) BASE1 块　　(d) BASE2 块　　(e) BASE3 块　　(f) BASE4 块

图 11-17　创建符号块后的效果

说明：

与本书配套的《中文版 AutoCAD 工程制图(2022 版)》一书中已介绍了有关粗糙度符号块的创建方法，这里不再赘述。

11.3　综合练习

目的： 在绘图过程中灵活地使用块及属性等功能。

上机练习 5　绘制如图 11-18 所示的图形。

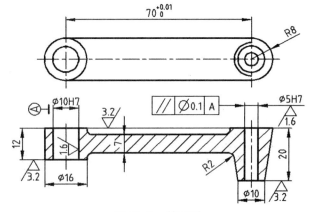

图 11-18　练习图

操作步骤如下。

(1) 定义图层、文字样式和标注样式

根据表 5-1 所示的要求定义图层；参照第 9 章上机练习 2 定义文字样式"工程字 35"；参照第 10 章上机练习 1 定义标注样式"尺寸 35"(过程略)。

(2) 定义粗糙度符号块和基准符号块

参照与本书配套的《中文版 AutoCAD 工程制图(2022 版)》一书定义粗糙度符号块(见该书第 11.4 节中的例 11-1);参照本章中的上机练习 4 定义基准符号块(过程略)。

(3) 绘制图形

参照图 11-18 绘制图形,绘制结果如图 11-19 所示(过程略)。

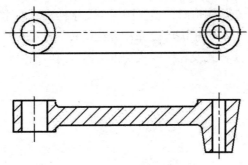

图 11-19　绘制结果

(4) 标注尺寸、公差

标注各尺寸以及尺寸公差、形位公差,标注结果如图 11-20 所示(过程略)。

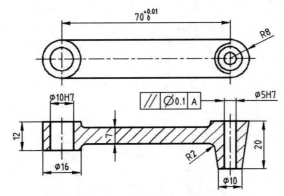

图 11-20　标注尺寸、公差

(5) 插入粗糙度符号、基准符号

插入粗糙度符号、基准符号,插入结果如图 11-21 所示(过程略)。

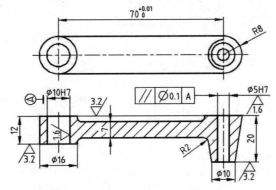

图 11-21　插入粗糙度符号、基准符号

说明：

插入含有属性的块后，执行"修改"|"对象"|"文字"|"编辑"命令，在"选择注释对象或 [放弃(U)]:"提示下选择该块，或者直接双击该块，可以通过弹出的"增强属性编辑器"对话框来修改属性值。

本书下载文件中的图形文件"DWG\第 11 章\图 11-18.dwg"提供了此图形。

可以看出，每当绘制一个新图形时，定义图层、文字样式、标注样式以及各种符号块是一件重复、烦琐且费时的工作。但利用第 12 章中介绍的设计中心，可以方便地将其他图形中的块、图层、文字样式、标注样式及表格样式等直接插入当前图形。

第 12 章
高级绘图工具、样板文件及数据查询

12.1 "特性"选项板

目的: 掌握 AutoCAD 2022 中 "特性" 选项板的使用方法。利用该选项板, 可以了解图形的特性并修改图形。

上机练习 1 打开本书下载文件中的图形文件 "DWG\第 5 章\图 5-12.dwg" (见图 5-12), 利用 "特性" 选项板了解各个图形对象的属性, 并将主视图中的虚线更改到 "粗实线" 图层。最后, 利用填充剖面线等功能将主视图改为剖视图, 结果如图 8-25 所示。

上机练习 2 打开本书下载文件中的图形文件 "DWG\第 12 章\图 12-1a.dwg", 得到如图 12-1(a) 所示的图形。通过 "特性" 选项板完成以下操作。

(1) 了解各图形对象的属性;

(2) 将圆的直径更改为 95;

(3) 将矩形外轮廓更改到 "粗实线" 图层;

(4) 将位于圆两侧的垂直中心线更改到 "虚线" 图层;

(5) 更改图中虚线、中心线的线型比例(利用 "特性" 选项板中有 "线型比例" 设置项), 使图形更为协调。

更改后的结果如图 12-1(b)所示。

本书下载文件中的图形文件 "DWG\第 12 章\图 12-1b.dwg" 是完成以上操作后的结果。

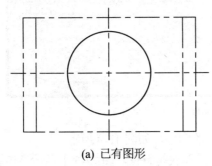

(a) 已有图形   (b) 更改后的结果

图 12-1　更改图形

12.2 设计中心

目的：了解 AutoCAD 2022 设计中心的功能并掌握其使用方法。

上机练习 3 利用设计中心浏览本书下载文件中的图形文件。例如，在设计中心树状视图区找到本书下载文件所在的位置，并双击"第10章"，在设计中心的内容区会显示出该文件夹中的图形文件，如图 12-2 所示(本书已将下载文件中的内容复制到了 D 驱动器)。

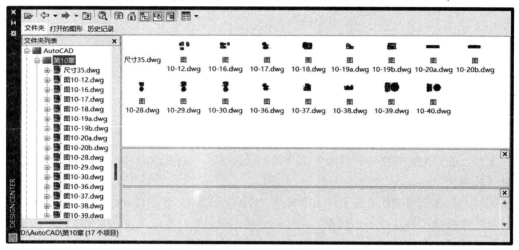

图 12-2　显示第 10 章中的图形文件

在树状视图区双击图标"图 10-12.dwg"，在内容区中会显示它的各个命名对象图标，如图 12-3 所示。

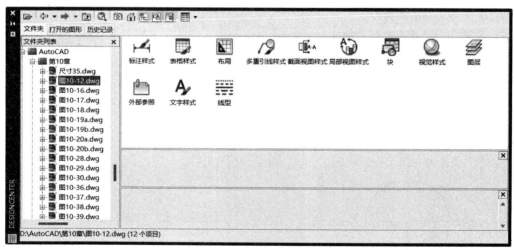

图 12-3　显示命名对象图标

在内容区中双击"图层"图标，将显示该图形具有的图层，如图 12-4 所示。

同样，还可以显示该图形拥有的标注样式、文字样式及块等特性。图 12-5 中显示了该图形的标注样式("尺寸 35$2"是角度标注子样式)。

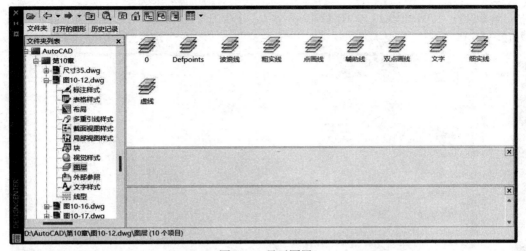

图 12-4　显示图层

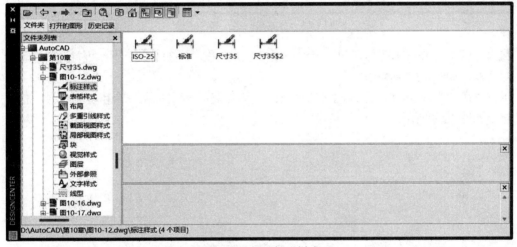

图 12-5　显示标注样式

利用设计中心也可以浏览其他图形的相关信息。

上机练习 4　打开本书下载文件中的图形文件"DWG\第 10 章\图 10-36.dwg"(见图 10-36)。利用设计中心，向该图插入本书下载文件中的图形文件"DWG\第 11 章\图 11-12.dwg"中的粗糙度和基准符号，最终结果如图 12-6 所示。

操作步骤如下。

假设已打开图形文件"DWG\第 10 章\图 10-36.dwg"。

通过设计中心找到本书下载文

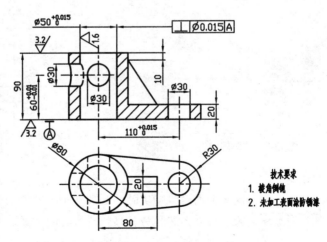

图 12-6　插入粗糙度和基准符号后的结果

件中的图形文件"DWG\第 11 章\图 11-12.dwg",并在内容区中显示它包含的块,显示结果如图 12-7 所示。

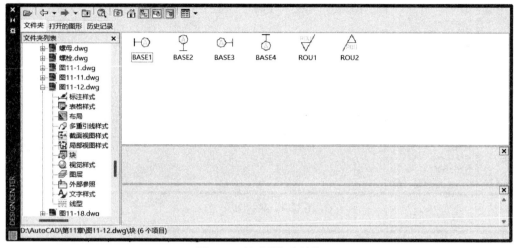

图 12-7　显示所包含的块

将内容区中的 ROU1 图标拖到图形中需要插入粗糙度符号的对应位置,可打开"编辑属性"对话框,如图 12-8 所示。

单击"确定"按钮(也可通过此对话框更改粗糙度值),即可插入一个粗糙度符号,插入后的结果如图 12-9 所示。

图 12-8　"编辑属性"对话框

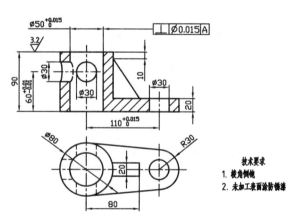

图 12-9　插入粗糙度

说明:

从设计中心向当前图形拖动块时,如果直接确定插入位置操作起来比较困难,可以先将其插入图形中的某一位置,然后将其移到所需要的位置。也可以先删除通过设计中心插入的块，再执行 INSERT 命令插入该块，因为通过设计中心将某块插入当前图形后，该块的定义也被添加到当前图形，所以此后可以直接执行 INSERT 命令插入块。

用类似的方法在其他两个位置插入粗糙度符号块 ROU2(属性值分别为 3.2、1.6)；插入基准符号块 BASE4(属性值为 A)，插入后的结果如图 12-6 所示。

说明：

如果从设计中心向当前图形插入块时需要设置插入角度，改变插入比例等，则应在内容区的块图标上右击，从弹出的快捷菜单中选择"插入块"命令，然后在弹出的"插入"对话框(与图 11-8 类似)中进行相应的设置，或选择在插入块时根据提示来确定插入角度、比例等参数值。

本书下载文件中的图形文件"DWG\第 12 章\图 12-6.dwg"是插入了粗糙度和基准符号后的图形。

上机练习 5 以文件 acadiso.dwt 为样板新建一个图形，利用设计中心，将本书下载文件中的图形文件"DWG\第 5 章\A4.dwg"中的各图层定义、"DWG\第 9 章\工程字 35.dwg"中的文字样式"工程字 35"、"DWG\第 10 章\尺寸 35.dwg"中的标注样式"尺寸 35"及其角度子样式、"DWG\第 11 章\图 11-12.dwg"中的各粗糙度符号块定义以及各基准符号块定义添加到该图形，然后将图形命名后进行保存。

说明：

通过设计中心向当前图形拖动块后，一方面会将该块插入当前图形，另一方面还会将该块的定义添加到当前图形。如果只是添加块定义，不需要显示插入的块，在插入后将它们删除即可。

本书下载文件中的图形文件"DWG\第 12 章\图 12-0.dwg"是包含表 5-1 所示的图层定义以及文字样式"工程字 35"、标注样式"尺寸 35"及其角度子样式、粗糙度符号块定义 ROU1 和 ROU2，以及基准符号块定义 BASE1、BASE2、BASE3 和 BASE4 的空白图形。

上机练习 6 本书下载文件中的图形文件"DWG\第 5 章\A0.dwg""DWG\第 5 章\A1.dwg""DWG\第 5 章\A2.dwg""DWG\第 5 章\A3.dwg"和"DWG\第 5 章\A4.dwg"分别是设置有如表 5-1 所示图层的 A0、A1、A2、A3 和 A4 图幅的空白图形。利用设计中心，为这些图形添加本书下载文件中的图形文件"DWG\第 9 章\工程字 35.dwg"中的文字样式"工程字 35"、"DWG\第 10 章/尺寸 35.dwg"中的标注样式"尺寸 35"及其角度子样式、"DWG\第 11 章\图 11-12.dwg"中的粗糙度符号块定义 ROU1 和 ROU2，以及基准符号块定义 BASE1、BASE2、BASE3 和 BASE4(实际上，直接通过本书下载文件中的图形文件"DWG\第 12 章\图 12-0.dwg"，就可以完成这些添加)。

图形文件"DWG\第 12 章\A0.dwg""DWG\第 12 章\A1.dwg""DWG\第 12 章\ A2.dwg""DWG\第 12 章\A3.dwg"和"DWG\第 12 章\A4.dwg"分别是 A0、A1、A2、A3 和 A4 图幅对应的空白图形，它们均设置了如表 5-1 所示的图层，并包含文字样式"工程字 35"、标注样式"尺寸 35"及其角度子样式、粗糙度符号块 ROU1 和 ROU2 的定义，以及基准符号块 BASE1、BASE2、BASE3 和 BASE4 的定义。

12.3　样板文件

目的： 了解 AutoCAD 2022 的样板文件功能。

上机练习 7　创建样板文件，要求如下。

图幅规格：A3(横装，尺寸为 420×297)；

图层要求：见第 5 章的表 5-1；

文字标注样式：见第 9 章上机练习 2 中定义的文字样式"工程字 35"；

尺寸标注样式：见第 10 章上机练习 1 中定义的标注样式"尺寸 35"；

符号块：见本书下载文件中的图形文件"DWG\第 11 章\图 11-12.dwg"中的粗糙度符号块定义和基准符号块定义；

打印样式要求：粗实线线宽为 0.7mm，其余均为 0.35mm。

操作步骤如下。

(1) 创建新图形

执行 NEW 命令，以 acadiso.dwt 为样板创建一个新图形。

(2) 设置绘图界限

执行 LIMITS 命令设置绘图界限(420×297)。

(3) 定义图层、文字样式、标注样式

利用设计中心，将本书下载文件中的图形文件"DWG\第 12 章\图 12-0.dwg"中的图层定义、文字样式"工程字 35"、标注样式"尺寸 35"及其角度子样式拖到当前图形。

(4) 定义符号块

利用设计中心，将本书下载文件中的图形文件"DWG\第 12 章\图 12-0.dwg"中的粗糙度符号块 ROU1 和 ROU2 的定义以及基准符号块 BASE1、BASE2、BASE3 和 BASE4 的定义拖到当前图形。

(5) 绘制图框

在对应图层绘制图框，绘制结果如图 12-10 所示。

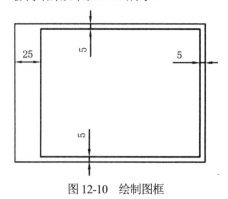

图 12-10　绘制图框

(6) 绘制标题栏

在对应的位置绘制如图 12-11 所示的标题栏(也可以绘制简化标题栏)。

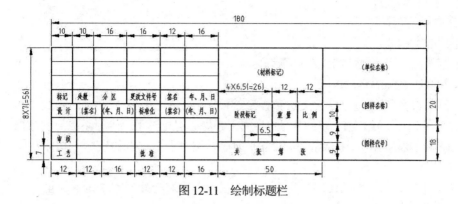

图 12-11　绘制标题栏

(7) 打印设置

执行 PAGESETUP 命令设置打印页面、打印设备以及线宽(因为涉及打印机或绘图仪的选型，所以读者应根据自己使用的打印设备，参照与本书相配套的《中文版 AutoCAD 工程制图(2022 版)》一书中的第 12.6 节进行相应的设置)。

(8) 保存图形

将图形以样板文件格式(.dwt 格式)进行保存。

本书下载文件中的图形文件"DWG\第 12 章\A0-1.dwg""DWG\第 12 章\A1-1.dwg""DWG\第 12 章\A2-1.dwg""DWG\第 12 章\A3-1.dwg"和"DWG\第 12 章\A4-1.dwg"分别是包含各种设置的 A0、A1、A2、A3 和 A4 图幅的空白图形，同时还包含图框和标题栏块。当需要填写标题栏时，执行"修改"|"对象"|"文字"|"编辑"命令，在"选择注释对象或 [放弃(U)]:"提示下选择标题栏，或者直接双击标题栏，打开"属性增强编辑器"对话框，通过该对话框即可填写标题栏(见本章上机练习 14)。

本书下载文件中的样板文件"DWG\第 12 章\A0.dwt""DWG\第 12 章\A1.dwt""DWG\第 12 章\A2.dwt""DWG\第 12 章\A3.dwt"和"DWG\第 12 章\A4.dwt"分别是与 A0、A1、A2、A3 和 A4 图幅对应的样板文件，它们包含图层设置、文字样式"工程字 35"、标注样式"尺寸 35"及其角度子样式、粗糙度符号块 ROU1 和 ROU2 的定义，以及基准符号块 BASE1、BASE2、BASE3 和 BASE4 的定义，还包括图框和标题栏块。在以这些文件为样板绘制图形的过程中，当需要填写标题栏时，应执行"修改"|"对象"|"文字"|"编辑"命令，在"选择注释对象或 [放弃(U)]:"提示下选择标题栏，或者直接双击标题栏，在打开的"属性增强编辑器"对话框中填写标题栏即可(见本章上机练习 14)。

12.4　数据查询

目的：利用 AutoCAD 2022 进行数据查询，如查询面积、距离以及点的坐标等。

上机练习 8　打开本书下载文件中的图形文件"DWG\第 12 章\图 12-12.dwg"，得到如图 12-12 所示的图形。

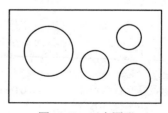

图 12-12　已有图形

对其完成以下查询。

(1) 矩形的宽和高;

(2) 各圆的圆心坐标(通过 ID 命令查询);

(3) 各圆圆心之间的距离;

(4) 各圆的直径(可通过"特性"选项板查询)。

在本上机练习中,执行 ID 命令得到的各圆圆心坐标是相对于原坐标系原点的数据。但通过定义新坐标系(称为用户坐标系),可以方便地得到相对于指定点的坐标。具体操作参见下面的练习。

上机练习 9 对于图 12-12,通过 ID 命令查询各圆圆心相对于矩形左下角点的坐标。

操作步骤如下。

假设已打开图 12-12(位于本书下载文件中的图形文件"DWG\第 12 章\图 12-12.dwg")。

(1) 定义新坐标系

执行"工具"|"新建 UCS"|"原点"命令,AutoCAD 提示:

指定新原点 <0,0,0>:

在此提示下捕捉矩形的左下角点,坐标系图标显示在矩形的左下角点位置,如图 12-13 所示。

本书下载文件中的图形文件"DWG\第 12 章\图 12-13.dwg"中提供了图 12-13 所示的坐标系。

说明:

如果当前没有显示出坐标系图标,执行"视图"|"显示"|"UCS 图标"|"开"命令,即可显示。

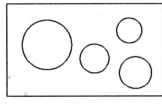

图 12-13 显示新坐标系

(2) 查询圆心坐标

例如,执行 ID 命令,AutoCAD 提示:

指定点:(捕捉左侧大圆的圆心)
X = 54.3416   Y = 69.6025   Z = 0.0000

该提示表示图 12-13 中左侧大圆圆心相对于矩形左下角的坐标是(54.3416, 69.6025, 0.0000)。

上机练习 10 执行 AREA 命令,查询本书下载文件中的图形文件"DWG\第 12 章\图 12-14.dwg"(如图 12-14 所示)中剖面线区域的面积。

操作步骤如下。

执行"工具"|"查询"|"面积"命令,即执行 AREA 命令,AutoCAD 提示:

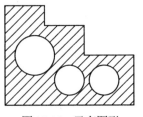

图 12-14 已有图形

指定第一个角点或 [对象(O)/增加面积(A)/减少面积(S)] <对象>:A✓ (进入加模式)
指定第一个角点或 [对象(O)/减少面积(S)]: (捕捉多边形轮廓的某一个角点)
("加"模式)指定下一个点或 [圆弧(A)/长度(L)/放弃(U)]: (在此提示下,依次捕捉多边形轮廓的各个角点,捕捉完毕后按 Enter 键)
区域 = 9700.0000,周长 = 460.0000
总面积 = 9700.0000

指定第一个角点或 [对象(O)/减少面积(S)]:S↙(进入减模式)

指定第一个角点或 [对象(O)/增加面积(A)]:O↙

("减"模式) 选择对象:(选择左侧的大圆)

区域 = 1256.6371，圆周长 = 125.6637

总面积 = 8443.3629

("减"模式) 选择对象:(选择中间的圆)

区域 = 706.8583，圆周长 = 94.2478

总面积 = 7736.5046

("减"模式) 选择对象:(选择右侧的圆)

区域 = 706.8583，圆周长 = 94.2478

总面积 = 7029.6462

("减"模式) 选择对象: ↙

区域 = 706.8583，圆周长 = 94.2478

总面积 = 7029.6462

指定第一个角点或 [对象(O)/增加面积(A)]:↙

总面积 = 7029.6462

从上面的内容可以看出，剖面线区域的面积是 7029.6462。

上机练习 11　利用"特性"选项板，查询本书下载文件中的图形文件"DWG\第 12 章\图 12-14.dwg"(参见图 12-14)中剖面线区域的面积。

经查询，剖面线区域的面积为 7029.6462，如图 12-15 所示。

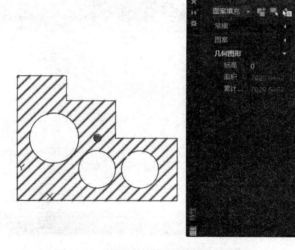

图 12-15　利用"特性"选项板查询面积

上机练习 12　利用"特性"选项板，分别查询本书下载文件中的图形文件"DWG\第 8 章\图 8-12.dwg"(参见图 8-12)、"DWG\第 8 章\图 8-24.dwg"(参见图 8-24)和"DWG\第 8 章\图 8-28.dwg"(参见图 8-28)中剖面线区域的面积。

上机练习 13　打开本书下载文件中的图形文件"DWG\第 12 章\图 12-1b.dwg"(参见图 12-1(b))，通过 LIST 命令查询各图形对象的数据库信息。

12.5　综合练习

目的: 在绘图过程中灵活应用设计中心等工具。

上机练习 14　本书下载文件中的图形文件 "DWG\第 12 章\图 12-6.dwg" (参见图 12-6)基本上是一幅完整的零件图,为其设置 A3 图框、填写标题栏以及进行打印设置,并通过打印机或绘图仪打印出来。

操作步骤如下。

由于已经有与 A3 图幅对应的样板文件,因此不需要重新绘制。

(1) 新建图形

执行 NEW 命令,以本书下载文件中的样板文件 "DWG\第 12 章\A3.dwt" 为样板建立新图形。

(2) 垂直平铺窗口

打开本书下载文件中的图形文件 "DWG\第 12 章\图 12-6.dwg",执行 "窗口" | "垂直平铺" 命令,使打开的两个图形垂直平铺,窗口显示结果如图 12-16 所示。

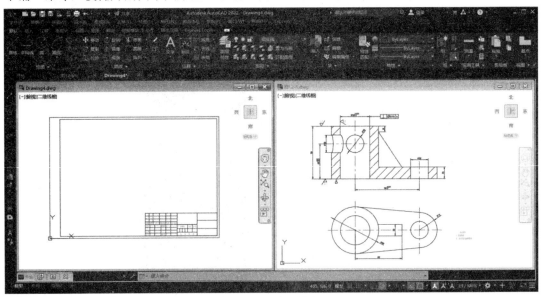

图 12-16　垂直平铺窗口

说明:

可以分别调整各窗口中图形的显示比例与显示位置。调整方法为:首先单击对应的窗口使其处于激活状态,然后用第 6 章中介绍的方法调整即可。

(3) 复制、粘贴图形

激活右侧窗口(此窗口也许位于读者视线的左侧),执行 "编辑" | "带基点复制" 命令,AutoCAD 提示:

指定基点:(任意拾取一点作为基点)
选择对象:(选择全部图形对象)

选择对象:↙

再激活左侧窗口(即图框图形所在的窗口)，执行"编辑"|"粘贴"命令，AutoCAD 提示:

指定插入点:

在此提示下在适当位置拾取一点，即可插入对应的图形，结果如图 12-17 所示。

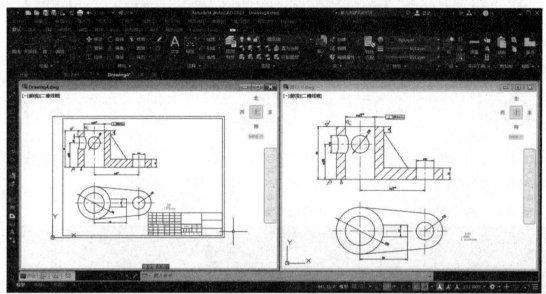

图 12-17　复制、粘贴图形

(4) 整理

关闭图形文件"第 12 章\图 12-6.dwg"，对另一幅图形进行整理(调整视图、文字的位置等)，整理后的结果如图 12-18 所示。

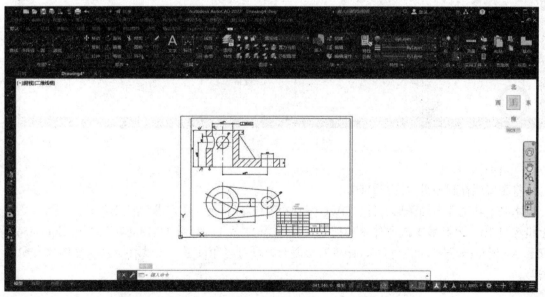

图 12-18　整理图形

(5) 打印设置

因原样板文件没有打印设置，因此需要设置打印设备以及线宽等(过程略)。

(6) 填写标题栏

执行"修改"|"对象"|"文字"|"编辑"命令，在"选择注释对象或 [放弃(U)]:"提示下选择图中的标题栏，或者直接双击标题栏块，在打开的"增强属性编辑器"对话框中输入标题栏内容，如图 12-19 所示(输入方法为：依次选中各行，在"值"文本框中输入值即可)。

单击"确定"按钮，完成标题栏的填写，结果如图 12-20 所示。

图 12-19 "增强属性编辑器"对话框

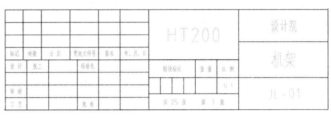

图 12-20 填写后的标题栏

至此，完成了图形的绘制和设置，最终结果如图 12-21 所示。

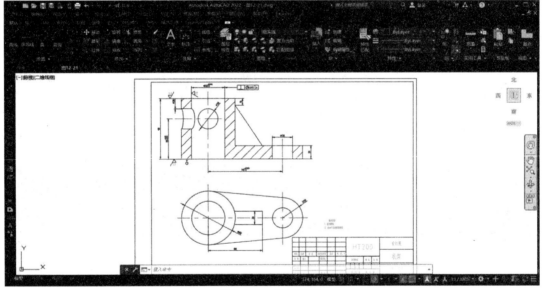

图 12-21 最终图形

(7) 保存、打印

将图形保存到磁盘并进行打印。

本书下载文件中的图形文件"DWG\第 12 章\12-21.dwg"是完成后的最终图形。

上机练习 15 为本书下载文件中的图形文件"DWG\第 11 章\图 11-18.dwg"(参见图 11-18)设置 A4 图框(如图 12-22 所示)，并填写标题栏，进行打印设置，通过打印机或绘图仪打印图形。

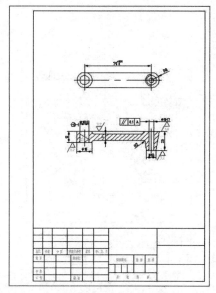

图 12-22 设置有图框的图形

本书下载文件中的图形文件"DWG\第 12 章\图 12-22.dwg"是设置有图框的图形。

本章的上机练习 14、15 均是先绘制出图形，再将其复制到有图框、标题栏的图形中。而在实际绘图过程中，一般是先以某一样板建立新图形，然后进行绘图、插入符号块、标注文字、标注尺寸以及填写标题栏等操作。

上机练习 16 以本书下载文件中的样板文件"DWG\第 12 章\A4.dwt"为样板创建新图形，绘制如图 12-23 所示的图形，并填写标题栏等。

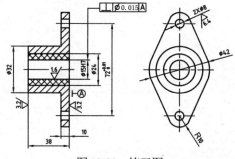

图 12-23 练习图

操作步骤如下。

(1) 以本书下载文件中的样板文件"DWG\第 12 章\A4.dwt"为样板创建新图形；

(2) 绘图；

(3) 插入粗糙度、基准符号块等；

(4) 标注尺寸；

(5) 填写标题栏；

(6) 打印设置；

(7) 保存图形、打印。

最终结果如图 12-24 所示(没有填写标题栏)。

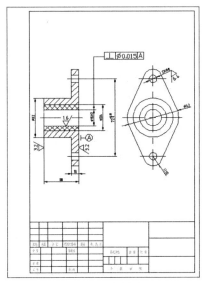

图 12-24　最终图形

本书下载文件中的图形文件"DWG\第 12 章\图 12-24.dwg"提供了对应的图形。

🍀 第 13 章 🍀

三维绘图基础

13.1　三维绘图工作界面及视觉样式

目的：掌握 AutoCAD 2022 的三维绘图工作界面以及视觉样式功能。

上机练习 1　以文件 acadiso3d.dwt 为样板创建新图形。

(1) 熟悉三维绘图工作界面的组成。

(2) 练习 AutoCAD 2022 的各种三维绘图工作界面的切换方式。

(3) 在三维绘图工作界面中显示或关闭菜单栏。

(4) 在三维绘图工作界面中显示或关闭某些工具栏(利用与下拉菜单"工具"|"工具栏"|"AutoCAD"对应的子菜单，可以打开 AutoCAD 的各工具栏)。

上机练习 2　打开本书下载文件中第 13 章的某些实体图形(如图 13-1.dwg 所示)，试分别以二维线框、三维隐藏、三维线框、概念以及真实等视觉样式显示这些图形。

13.2　用户坐标系

目的：掌握用户坐标系的定义及其显示控制方法。

上机练习 3　首先切换到三维绘图工作界面。打开本书下载文件中的图形文件"DWG\第 13 章\图 13-1.dwg"(实体模型)，如图 13-1 所示(请注意坐标系图标)。

利用该图练习定义 UCS(用户坐标系)的操作方法。

说明：

打开图形后，模型以二维线框方式显示，如图 13-1 所示。执行 HIDE 命令消隐(执行"视图"|"消隐"命令)，得到如图 13-2 所示的图形。

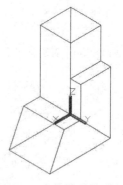

图 13-1　实体模型(非消隐)

操作步骤如下。

(1) 控制坐标系图标的显示

如果显示了坐标系图标(如图 13-1 所示)，执行"视图"|"显示"|"UCS 图标"|"开"

命令，可以关闭坐标系图标的显示，结果如图 13-3 所示。

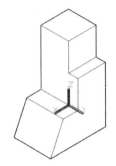
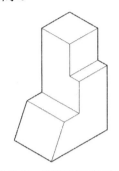

图 13-2 实体模型(消隐)　　　　　　图 13-3 关闭坐标系图标的显示

再次执行"视图"|"显示"|"UCS 图标"|"开"命令，又会再次显示坐标系图标，显示结果与图 13-1 相同。

(2) 通过移动原点定义 UCS

下面将原 UCS 移到如图 13-1 所示视图的最高点。

单击功能区中的"常用"|"坐标"|▣(原点)按钮，或执行"工具"|"新建 UCS"|"原点"命令，AutoCAD 提示：

指定新原点 <0,0,0>:

捕捉视图的最高点(三维绘图时，一般采用对象捕捉的方式确定空间点)，结果如图 13-4 所示。

本书下载文件中的图形文件"DWG\第 13 章\图 13-4.dwg"中定义了对应的 UCS。

再次单击功能区中的"常用"|"坐标"|▣(原点)按钮，或执行"工具"|"新建 UCS"|"原点"命令，AutoCAD 提示：

指定新原点 <0,0,0>:

在图 13-4 所示的当前 UCS 的 XY 面所在的正方形中，捕捉 UCS 原点所在角点的对角点，结果如图 13-5 所示。

本书下载文件中的图形文件"DWG\第 13 章\图 13-5.dwg"提供了对应的 UCS。

(3) 旋转 UCS

设当前 UCS 如图 13-5 中的 UCS 图标所示。对其定义新的 UCS，结果如图 13-6 所示，即新 UCS 的 XY 面与对应平面重合。

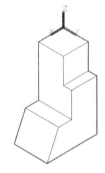
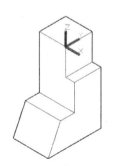

图 13-4 定义 UCS 1　　　　　　图 13-5 定义 UCS 2

单击功能区中的"常用"|"坐标"|按钮，或执行"工具"|"新建 UCS"|Y 命令，AutoCAD 提示：

指定绕 Y 轴的旋转角度 <90>:✓

旋转结果如图 13-6 所示。

本书下载文件中的图形文件"DWG\第 13 章\图 13-6.dwg"提供了对应的 UCS。

(4) 通过三点定义 UCS，结果如图 13-7 所示(图中的 A、B 和 C 点用于操作说明)。

单击功能区中的"常用"|"坐标"|按钮，或执行"工具"|"新建 UCS"|"三点"命令，AutoCAD 提示：

指定新原点 <0,0,0>:(捕捉端点 A)
在正 X 轴范围上指定点:(捕捉端点 B)
在 UCS XY 面的正 Y 轴范围上指定点:(捕捉端点 C)

执行结果如图 13-7 所示。

本书下载文件中的图形文件"DWG\第 13 章\图 13-7.dwg"提供了对应的 UCS。

读者还可以创建其他形式的 UCS。

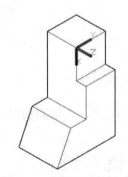
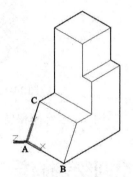

图 13-6　定义 UCS 3　　　　　图 13-7　通过三点定义 UCS

13.3　视点

目的：掌握通过改变视点，从不同的角度观看模型的操作方法和技巧。

上机练习 4　打开本书下载文件中的图形文件"DWG\第 13 章\图 13-1.dwg"(参见图 13-1，该图以视点(1,1,1)显示)。对其改变视点，从不同方向观看模型。

操作步骤如下。

执行"视图"|"三维视图"|"西南等轴测"命令，结果如图 13-8 所示。

本书下载文件中的图形文件"DWG\第 13 章\图 13-8.dwg"是与图 13-8 具有相同视点的视图。

执行"视图"|"三维视图"|"东南等轴测"命令，结果如图 13-9 所示。

本书下载文件中的图形文件"DWG\第 13 章\图 13-9.dwg"是与图 13-9 具有相同视点的视图。

读者可以通过 VPOINT 命令或菜单"视图"|"三维视图"设置在其他视点下的显示。

图 13-8 西南等轴测视点(真实视觉样式)

图 13-9 东南等轴测视点(真实视觉样式)

上机练习5 打开本书下载文件中的图形文件"DWG\第 13 章\图 13-10.dwg",得到如图 13-10 所示的图形。

图 13-10 示例图形

通过从不同的视点、不同显示比例和显示位置观看模型,并比较观察结果。

13.4 在三维空间绘制简单三维对象

目的: 掌握在三维空间绘制简单图形对象的操作方法和技巧。

上机练习6 打开图形文件"第 13 章\图 13-11a.dwg",得到如图 13-11(a)所示的图形。在各对应面上绘制直线和圆(各圆的半径均为 35),绘图结果如图 13-11(b)所示。

(a) 已有图形(消隐图)

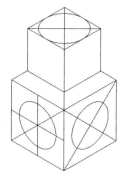
(b) 绘图结果(消隐图)

图 13-11 绘制图形

操作步骤如下。

(1) 在大立方体左侧面绘制直线

执行 LINE 命令，AutoCAD 提示：

指定第一个点:(捕捉大立方体左侧面上左垂直边的中点，切记要用捕捉方式确定点)
指定下一点或 [放弃(U)]:(捕捉大立方体左侧面上右垂直边的中点)
指定下一点或 [放弃(U)]: ↙

执行结果如图 13-12 所示。

用类似方法绘制另一条直线，绘制结果如图 13-13 所示。

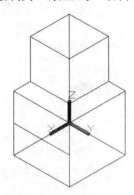 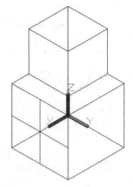

图 13-12　绘制直线 1　　　　　　　图 13-13　绘制直线 2

(2) 在大立方体左侧面绘制圆

① 创建 UCS

创建新的 UCS，如图 13-14 中的 UCS 图标所示(过程略)。

② 绘制圆

执行 CIRCLE 命令，以图 13-14 中两条直线的交点为圆心，绘制半径为 35 的圆，绘制结果如图 13-15 所示。

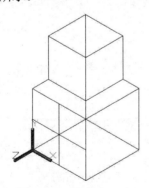 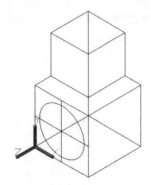

图 13-14　新建 UCS　　　　　　　图 13-15　绘制圆

提示：

在三维空间绘制二维图形时，一般应使 UCS 的 XY 面与绘图面重合或平行。

(3) 绘制其他图形

在其他面上绘制直线和圆(绘制圆时应先定义对应的 UCS，使该 UCS 的 XY 面与绘图面重合)，结果如图 13-11(b)所示。

本书下载文件中的图形文件"DWG\第 13 章\图 13-11b.dwg"中绘制有相同的二维图形。

上机练习 7 打开本书下载文件中的图形文件"DWG\第 13 章\图 13-16a.dwg"，得到如图 13-16(a)所示的图形。在各个面上绘制圆或六边形(尺寸由读者自己确定)，绘制结果如图 13-16(b)所示。

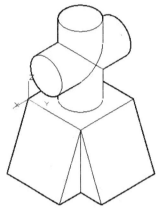 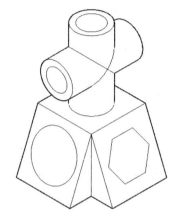

(a) 已有图形(消隐图)   (b) 绘图结果(消隐图。系统变量 DISPSILH=1)

图 13-16 绘制图形

提示：

在斜面上绘制圆和六边形时，除了要定义对应的 UCS，最好再绘制一条辅助线，以便确定圆的圆心或六边形的中点。

本书下载文件中的图形文件"DWG\第 13 章\图 13-16b.dwg"中绘制有相同的二维图形。

上机练习 8 利用拟合三维多段线的方法绘制如图 13-17 所示的螺旋线，其中螺旋线的直径为 100，节距为 20，共有 4 圈(节距是指当沿螺旋线旋转一圈时，沿轴线方向移动的距离)。

图 13-17 螺旋线

操作步骤如下。

(1) 绘制三维多段线

执行"绘图"|"三维多段线"命令，即执行 3DPOLY 命令，AutoCAD 提示：

指定多段线的起点: 50,0↙

指定直线的端点或 [放弃(U)]: 50<36,2(柱坐标)
指定直线的端点或 [放弃(U)]: 50<72,4↙
指定直线的端点或 [闭合(C)/放弃(U)]: 50<108,6↙
指定直线的端点或 [闭合(C)/放弃(U)]: 50<144,8↙
指定直线的端点或 [闭合(C)/放弃(U)]: 50<180,10↙
指定直线的端点或 [闭合(C)/放弃(U)]: 50<216,12↙
指定直线的端点或 [闭合(C)/放弃(U)]: 50<252,14↙
指定直线的端点或 [闭合(C)/放弃(U)]: 50<288,16↙
指定直线的端点或 [闭合(C)/放弃(U)]: 50<324,18↙
指定直线的端点或 [闭合(C)/放弃(U)]: 50<360,20↙
指定直线的端点或 [闭合(C)/放弃(U)]:(至此已绘制一圈多段线。用类似的方法，采用柱坐标继续确
定端点绘制多段线，其中角度增量是 20，沿垂直方向的增量是 2)

(2) 改变视点

执行"视图" | "三维视图" | "东北等轴测"命令，结果如图 13-18 所示。

图 13-18　绘制的三维多段线

本书下载文件中的图形文件"DWG\第 13 章\图 13-18.dwg"提供了对应的三维多段线。

(3) 拟合成螺旋线

执行 PEDIT 命令，AutoCAD 提示：

选择多段线或 [多条(M)]:(选择多段线)
输入选项 [闭合(C)/合并(J)/编辑顶点(E)/样条曲线(S)/非曲线化(D)/反转(R)/放弃(U)]:S↙
输入选项 [闭合(C)/合并(J)/编辑顶点(E)/样条曲线(S)/非曲线化(D)/反转(R)/放弃(U)]:↙

执行结果如图 13-17 所示。

本书下载文件中的图形文件"DWG\第 13 章\图 13-17.dwg"提供了对应的螺旋线。

上机练习 9　利用绘制螺旋线的命令绘制在上机练习 8 中定义的螺旋线，即螺旋线的直径为
100，节距为 20，共有 4 圈。

操作步骤如下。

单击功能区中的"常用" | "绘图" | █(螺旋)命令，或单击"建模"工具栏中的█(螺旋)
按钮，或执行"绘图" | "螺旋"命令，即执行 HELIX 命令，AutoCAD 提示：

指定底面的中心点:(在绘图屏幕适当位置拾取一点)
指定底面半径或 [直径(D)]: 100↙
指定顶面半径或 [直径(D)]: 100↙
指定螺旋高度或 [轴端点(A)/圈数(T)/圈高(H)/扭曲(W)]: H↙
指定圈间距: 20↙

指定螺旋高度或 [轴端点(A)/圈数(T)/圈高(H)/扭曲(W)]: T↙
输入圈数: 4↙

第 14 章

创建曲面模型与实体模型

14.1 创建曲面模型

上机练习 1 打开本书下载文件中的图形文件"DWG\第 14 章\图 14-1a.dwg",得到如图 14-1(a) 所示的图形。使系统变量 SURFTAB1 和 SURFTAB2 在不同设置下,通过曲线绕轴旋转的方式来创建旋转曲面,绘制结果如图 14-1(b)所示。

(a) 已有图形(二维线框)

(b) 绘制曲面(真实视觉样式。SURFTAB1=25, SURFTAB2=25)

图 14-1　旋转曲面 1

本书下载文件中的图形文件"DWG\第 14 章\图 14-1b.dwg"提供了对应的旋转曲面。

上机练习 2 绘制如图 14-2 所示的旋转曲面,具体轮廓形状由读者设计。

(a) 三维线框视觉样式

(b) 真实视觉样式

图 14-2　旋转曲面 2

本书下载文件中的图形文件"DWG\第 14 章\图 14-2.dwg"提供了对应的旋转曲面。

上机练习3 打开本书下载文件中的图形文件"DWG\第 14 章\图 14-3a.dwg",得到如图 14-3(a)所示的图形。以直线为方向矢量,通过曲线创建平移曲面,绘制结果如图 14-3(b)所示。

(a) 已有图形   (b) 绘制曲面(真实视觉样式,SURFTAB1=30)

图 14-3 平移曲面

本书下载文件中的图形文件"DWG\第 14 章\图 14-3b.dwg"提供了对应的平移曲面。

上机练习4 打开本书下载文件中的图形文件"DWG\第 14 章\图 14-4a.dwg",得到如图 14-4(a)所示的图形。在 4 条圆弧的基础上创建边界曲面,绘制结果如图 14-4(b)所示。

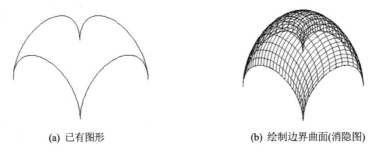

(a) 已有图形   (b) 绘制边界曲面(消隐图)

图 14-4 边界曲面

本书下载文件中的图形文件"DWG\第 14 章\图 14-4b.dwg"提供了对应的边界曲面。

14.2 创建实体模型

目的: 掌握利用 AutoCAD 2022 创建基本实体模型的方法和技巧。

上机练习5 绘制如图 14-5 所示尺寸的 3 个长方体。

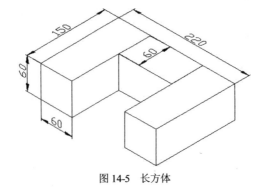

图 14-5 长方体

操作步骤如下。

(1) 绘制长方体 1

单击功能区中的"常用"|"建模"|■(长方体)按钮，或单击"建模"工具栏上的■(长方体)按钮，或执行"绘图"|"建模"|"长方体"命令，即执行 BOX 命令，AutoCAD 提示：

指定第一个角点或 [中心(C)]:0,0,0✓
指定其他角点或 [立方体(C)/长度(L)]:@150,60,60✓

执行"视图"|"三维视图"|"东北等轴测"命令改变视点，结果如图 14-6 所示。

本书下载文件中的图形文件"DWG\第 14 章\图 14-6.dwg"提供了对应的长方体。

(2) 绘制长方体 2

执行 BOX 命令，AutoCAD 提示：

指定第一个角点或 [中心(C)]: 0,60,0✓
指定其他角点或 [立方体(C)/长度(L)]:@60,100,60✓（指定对角点）

执行结果如图 14-7 所示。

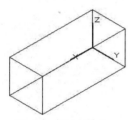

图 14-6　创建长方体 1

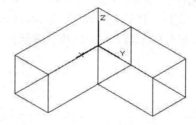

图 14-7　创建长方体 2

本书下载文件中的图形文件"DWG\第 14 章\图 14-7.dwg"提供了对应的长方体。

(3) 定义 UCS

为了便于绘制第三个长方体，需要创建如图 14-8 所示的 UCS(通过平移原 UCS 得到，过程略)。

本书下载文件中的图形文件"DWG\第 14 章\图 14-8.dwg"提供了对应的 UCS。

(4) 绘制长方体 3

继续执行 BOX 命令，AutoCAD 提示：

指定第一个角点或 [中心(C)]:0,0,0✓
指定其他角点或 [立方体(C)/长度(L)]:150,60,60✓

执行结果如图 14-9 所示。

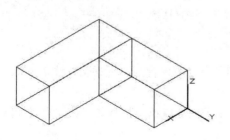

图 14-8　定义 UCS 1

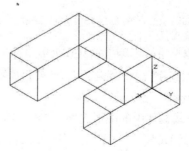

图 14-9　创建长方体 3

本书下载文件中的图形文件"DWG\第 14 章\图 14-5.dwg"提供了对应的长方体。

上机练习 6 在图 14-5(位于本书下载文件中的图形文件"DWG\第 14 章\图 14-5.dwg")的基础上绘制楔体,绘制结果如图 14-10 所示(为使绘图方便,在绘制长方体前可先定义新的 UCS,结果如图 14-11 所示)。

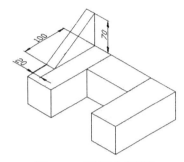

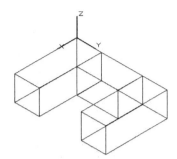

图 14-10　绘制楔体(消隐图)　　　　　　　　图 14-11　定义新的 UCS

本书下载文件中的图形文件"DWG\第 14 章\图 14-10.dwg"提供了对应的楔体。本书下载文件中的图形文件"DWG\第 14 章\图 14-11.dwg"提供了对应的 UCS。

上机练习 7 绘制如图 14-12 所示的两个圆柱体。

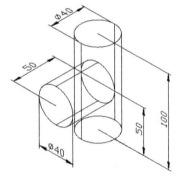

图 14-12　圆柱体

操作步骤如下。

(1) 绘制圆柱体 1

单击功能区中的"常用"|"建模"| ▣(圆柱体)按钮,或单击"建模"工具栏上的▣(圆柱体)按钮,或执行"绘图"|"建模"|"圆柱体"命令,即执行 CYLINDER 命令,AutoCAD提示:

> 指定底面的中心点或 [三点(3P)/两点(2P)/切点、切点、半径(T)/椭圆(E)]:0,0,0↙
> 指定底面半径或 [直径(D)]:20↙
> 指定高度或 [两点(2P)/轴端点(A)]:100↙

执行"视图"|"三维视图"|"东北等轴测"命令改变视点,观察圆柱体 1,执行结果如图 14-13 所示。

本书下载文件中的图形文件"DWG\第 14 章\图 14-13.dwg"提供了对应的圆柱体。

(2) 定义 UCS

定义如图 14-14 中 UCS 图标所示的 UCS。定义方法为:先将图 14-13 所示的 UCS 沿 Z

轴方向移动 50，再绕 Y 轴旋转 90º。

本书下载文件中的图形文件"DWG\第 14 章\图 14-14.dwg"提供了对应的 UCS。

(3) 绘制圆柱体 2

执行 CYLINDER 命令，AutoCAD 提示：

指定底面的中心点或 [三点(3P)/两点(2P)/切点、切点、半径(T)/椭圆(E)]:0,0,0✓
指定底面半径或 [直径(D)]:20✓
指定高度或 [两点(2P)/轴端点(A)]:50✓

执行结果如图 14-15 所示。

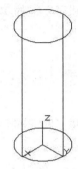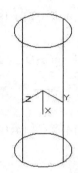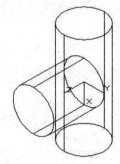

图 14-13　绘制圆柱体 1　　　图 14-14　定义 UCS 2　　　图 14-15　绘制圆柱体 2

本书下载文件中的图形文件"DWG\第 14 章\图 14-12.dwg"提供了对应的两个圆柱体。

上机练习 8　绘制如图 14-16 所示的圆柱体、圆环体和球体。

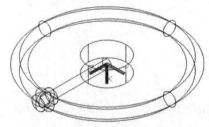

(a) 三维线框视觉样式　　　　　　　　　　　(b) 概念视觉样式

图 14-16　圆柱体、圆环体和球体

操作步骤如下。

(1) 绘制圆柱体

执行 CYLINDER 命令，AutoCAD 提示：

指定底面的中心点或 [三点(3P)/两点(2P)/切点、切点、半径(T)/椭圆(E)]:0,0,0✓
指定底面半径或 [直径(D)]: 30✓
指定高度或 [两点(2P)/轴端点(A)]: 25✓

执行结果如图 14-17 所示。

本书下载文件中的图形文件"DWG\第 14 章\图 14-17.dwg"提供
了对应的圆柱体。

(2) 定义 UCS

执行"工具"|"新建 UCS"|"原点"命令，AutoCAD 提示：

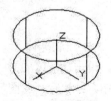

图 14-17　绘制圆柱体 3

指定新原点 <0,0,0>: 0,0,12.5↙

(3) 绘制圆环体

单击功能区中的"常用"|"建模"|◉(圆环体)按钮，或单击"建模"工具栏上的◉(圆环体)按钮，或执行"绘图"|"建模"|"圆环体"命令，即执行 TORUS 命令，AutoCAD 提示：

指定中心点或 [三点(3P)/两点(2P)/切点、切点、半径(T)]:0,0,0↙
指定半径或 [直径(D)]:100↙
指定圆管半径或 [两点(2P)/直径(D)]: 10↙

执行结果如图 14-18 所示。

本书下载文件中的图形文件"DWG\第 14 章\图 14-18.dwg"提供了对应的实体。

(4) 定义 UCS

执行"工具"|"新建 UCS"|Y 命令，AutoCAD 提示：

指定绕 Y 轴的旋转角度:90↙

执行结果如图 14-19 所示。

本书下载文件中的图形文件"DWG\第 14 章\图 14-19.dwg"提供了对应的 UCS。

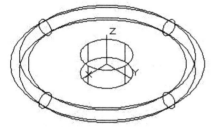

图 14-18　绘制圆环体

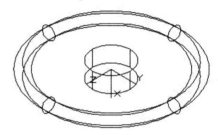

图 14-19　定义 UCS 3

(5) 绘制圆柱体

执行 CYLINDER 命令，AutoCAD 提示：

指定底面的中心点或 [三点(3P)/两点(2P)/切点、切点、半径(T)/椭圆(E)]:0,0,0↙
指定底面半径或 [直径(D)]:7.5↙
指定高度或 [两点(2P)/轴端点(A)]:100↙

执行结果如图 14-20 所示。

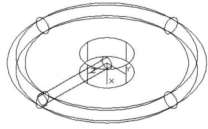

图 14-20　绘制圆柱体 4

(6) 绘制球体

单击功能区中的"常用"|"建模"|◉(球体)按钮，或单击"建模"工具栏上的◉(球体)按钮，或执行"绘图"|"建模"|"球体"命令，即执行 SPHERE 命令，AutoCAD 提示：

指定中心点或 [三点(3P)/两点(2P)/切点、切点、半径(T)]:0,0,100↙
指定半径或 [直径(D)]: 15↙

执行结果如图 14-16 所示。

本书下载文件中的图形文件"DWG\第 14 章\图 14-16.dwg"提供了对应的圆柱体、圆环体以及球体。

上机练习 9　绘制如图 14-21 所示的皮带轮轮廓和旋转轴，再将轮廓绕轴旋转成实体，结果如图 14-22 所示。

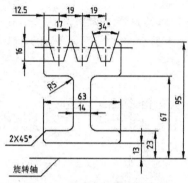

图 14-21　皮带轮轮廓和旋转轴　　　　图 14-22　将轮廓旋转为实体(概念视觉样式)

操作步骤如下。

(1) 切换到平面视图

(2) 根据图 14-21 绘制皮带轮轮廓和旋转轴

本书下载文件中的图形文件"DWG\第 14 章\图 14-21.dwg"提供了对应的皮带轮轮廓和旋转轴。

(3) 合并

执行 PEDIT 命令，将皮带轮轮廓合并成一条封闭多段线。

(4) 旋转

执行 REVOLVE 命令，使封闭轮廓绕轴旋转 360º，然后改变视点，即可得到如图 14-22 所示的旋转实体图形。

本书下载文件中的图形文件"DWG\第 14 章\图 14-22.dwg"提供了对应的旋转实体。

上机练习 10　绘制如图 14-23 所示的轮廓，将其拉伸为实体，拉伸高度是 25，绘制结果如图 14-24 所示。

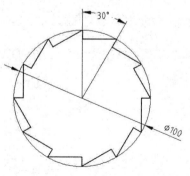

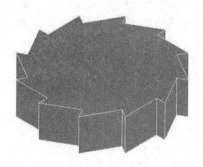

图 14-23　轮廓　　　　　　　图 14-24　将轮廓拉伸为实体(真实视觉样式)

注意：

拉伸前，应先执行 PEDIT 命令，将绘制的轮廓合并成一条封闭多段线。

本书下载文件中的图形文件"DWG\第 14 章\图 14-24.dwg"提供了对应的拉伸实体。

14.3　查询实体的质量特性

目的：掌握用 AutoCAD 2022 查询实体模型的质量特性的操作方法和技巧。

上机练习 11　查询如图 14-22 所示实体(位于本书下载文件中的图形文件"DWG\第 14 章\图 14-22.dwg")的质量特性。

操作步骤如下。

假设已打开本书下载文件中的图形文件"DWG\第 14 章\图 14-22.dwg"。

单击"查询"工具栏上的▣(面域/质量特性)按钮，或执行"工具"|"查询"|"面域/质量特性"命令，即执行 MASSPROP 命令，AutoCAD 提示：

选择对象:(选择对应的实体)
选择对象:✓

AutoCAD 会弹出对应的对话框，其中显示了实体的质量特性，如图 14-25 所示。

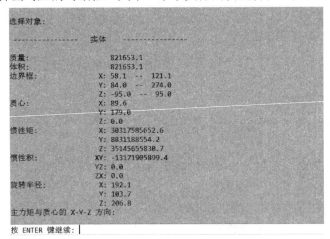

图 14-25　显示实体的质量特性

按 Enter 键继续显示后，如果用 Y 响应，则可以将分析结果保存到文件中。

上机练习 12　查询如图 14-24 所示实体(位于本书下载文件中的图形文件"DWG\第 14 章\图 14-24.dwg")的质量特性。

第 15 章

三维编辑、创建复杂实体模型

15.1　三维编辑

目的: 掌握 AutoCAD 2022 的三维编辑功能。

说明:

为了使图形的显示更加清晰,本章将一些实体模型采用线框视觉样式显示。

上机练习 1　打开本书下载文件中的图形文件"DWG\第 15 章\图 15-1a.dwg",得到如图 15-1(a) 所示的图形。将其中的圆柱体绕立方体的垂直轴线旋转 90° (已知立方体的边长为 100),执 行结果如图 15-1(b)所示。

操作步骤如下。

假设已打开本书下载文件中的图形文件"DWG\第 15 章\图 15-1a.dwg",并设置当前 UCS 如图 15-2 中的 UCS 图标所示。

(a) 已有图形

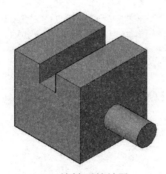
(b) 旋转后的结果

图 15-1　三维旋转

图 15-2　已有实体及 UCS

单击功能区中的"常用"|"修改"|▦(三维旋转)按钮,或执行"修改"|"三维操作"| "三维旋转"命令,即执行 3DROTATE 命令,AutoCAD 提示:

```
选择对象:(选择圆柱体)
选择对象:✓
指定基点:0,50,-50✓
拾取旋转轴:(确定垂直旋转轴)
```

指定角的起点或键入角度: 90↙

执行结果如图 15-1(b)所示。

本书下载文件中的图形文件"DWG\第 15 章\图 15-1b.dwg"是完成旋转操作后的实体图形。

上机练习 2 打开本书下载文件中的图形文件"DWG\第 14 章\图 14-10.dwg",得到如图 15-3(a)所示的图形。镜像楔体,结果如图 15-3(b)所示。

(a) 已有图形(概念视觉样式)　　　　　　(b) 镜像楔体后的结果(真实视觉样式)

图 15-3　三维镜像

操作步骤如下。

设当前 UCS 如图 15-3(a)中的 UCS 图标所示。单击功能区中的"常用"|"修改"| ▥(三维镜像)按钮,或执行"修改"|"三维操作"|"三维镜像"命令,即执行 MIRROR3D 命令,AutoCAD 提示:

选择对象:(选择楔体)
选择对象:↙
指定镜像平面(三点) 的第一个点或
[对象(O)/最近的(L)/Z 轴(Z)/视图(V)/XY 平面(XY)/YZ 平面(YZ)/ZX 平面(ZX)/三点(3)] <三点>: ZX↙
指定 ZX 平面上的点 <0,0,0>:(捕捉图 15-3(a)中短长方体上沿 Y 轴方向的某一条棱边的中点)
是否删除源对象? [是(Y)/否(N)] <否>:↙

执行结果如图 15-3(b)所示。

本书下载文件中的图形文件"DWG\第 15 章\图 15-3b.dwg"提供了镜像后的实体。

上机练习 3 打开本书下载文件中的图形文件"DWG\第 15 章\15-4a.dwg",得到如图 15-4(a)所示的图形。镜像其中的长方体,结果如图 15-4(b)所示。

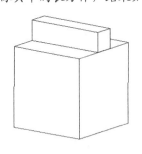 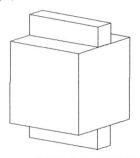

(a) 已有图形　　　　　　(b) 镜像长方体后的结果

图 15-4　三维镜像

本书下载文件中的图形文件 "DWG\第 15 章\图 15-4b.dwg" 提供了镜像后的实体。

上机练习 4　打开本书下载文件中的图形文件 "DWG\第 14 章\图 14-16.dwg"，得到如图 15-5(a)所示的图形。对其中的球体、细圆柱体执行环形阵列操作，结果如图 15-5(b)所示。

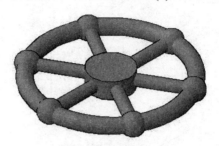

(a) 已有图形(消隐图)　　　　　　　　(b) 环形阵列后的结果(消隐图)

图 15-5　三维环形阵列

本书下载文件中的图形文件 "DWG\第 15 章\图 15-5b.dwg" 提供了环形阵列后的实体。

上机练习 5　打开本书下载文件中的图形文件 "DWG\第 15 章\图 15-6a.dwg"，得到如图 15-6(a)所示的图形。对其创建倒角，结果如图 15-6(b)所示。在各个倒角中，两个倒角面上的倒角距离均为 8。

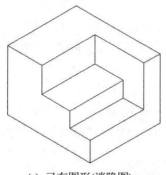
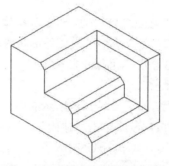

(a) 已有图形(消隐图)　　　　　　　　(b) 创建倒角后的结果(消隐图)

图 15-6　创建倒角

操作步骤如下。

执行 CHAMFER 命令，AutoCAD 提示：

> 选择第一条直线或 [放弃(U)/多段线(P)/距离(D)/角度(A)/修剪(T)/方式(E)/多个(M)]:(选择要倒角的某一条棱边)
> 　基面选择...
> 输入曲面选择选项 [下一个(N)/当前(OK)] <当前>:↙
> 指定基面的倒角距离或 [表达式(E)]: 8↙
> 指定其他曲面的倒角距离或 [表达式(E) <8.0000>:↙
> 选择边或 [环(L)]:(继续选择该边)
> 选择边或 [环(L)]:↙

执行结果如图 15-7 所示。

继续执行 CHAMFER 命令，对其他边创建倒角，即可得到如图 15-6(b)所示的图形。

本书下载文件中的图形文件 "DWG\第 15 章\图 15-6b.dwg" 提供了创建倒角后的实体。

上机练习6 打开本书下载文件中的图形文件"DWG\第15章\图 15-6a.dwg"(参见图 15-6(a)),对其相应的边创建圆角,且圆角的半径均为 8,结果如图 15-8 所示。

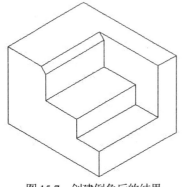

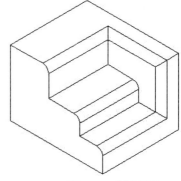

图 15-7 创建倒角后的结果   图 15-8 创建圆角

本书下载文件中的图形文件"DWG\第 15 章\图 15-8.dwg"提供了创建圆角后的实体。

15.2 布尔操作

目的:掌握 AutoCAD 2022 的布尔操作功能。

上机练习7 打开本书下载文件中的图形文件"DWG\第 14 章\图 14-5.dwg"(参见图 14-5)。对其中的 3 个实体执行并集操作。

操作步骤如下。

假设已打开了如图 14-5 所示的 3 个长方体。单击功能区中的"常用"|"实体编辑"| ■(实体,并集)按钮,或单击"建模"工具栏上的■(并集)按钮,或执行"修改"|"实体编辑"|"并集"命令,即执行 UNION 命令,AutoCAD 提示:

```
选择对象:(选择三个长方体)
选择对象:↙
```

执行结果如图 15-9 所示(注意,图中显示的图形已并集成一个实体)。

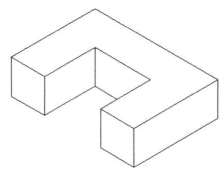

图 15-9 执行并集操作后的结果(消隐图)

本书下载文件中的图形文件"DWG\第 15 章\图 15-9.dwg"提供了执行并集操作后的实体。

上机练习 8　打开本书下载文件中的图形文件 "DWG\第 14 章\图 14-12.dwg" (参见图 14-12)。
对两个圆柱体执行并集操作，结果如图 15-10 所示。

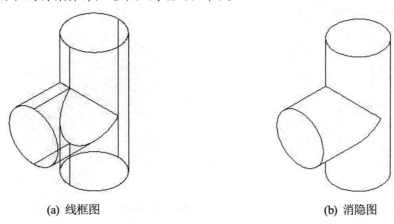

(a) 线框图　　　　　　　　　　　　　　　　　(b) 消隐图

图 15-10　执行并集操作后的结果

本书下载文件中的图形文件 "DWG\第 15 章\图 15-10.dwg" 提供了执行并集操作后的实体。

上机练习 9　打开本书下载文件中的图形文件 "DWG\第 15 章\图 15-5b.dwg" (参见图 15-5(b))，
对其中的各个实体执行并集操作，结果如图 15-11 所示(注意两者之间的区别)。

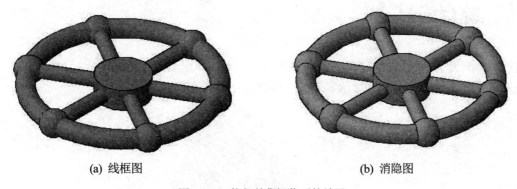

(a) 线框图　　　　　　　　　　　　　　　　　(b) 消隐图

图 15-11　执行并集操作后的结果

本书下载文件中的图形文件 "DWG\第 15 章\图 15-11.dwg" 提供了执行并集操作后的实体。

上机练习 10　打开本书下载文件中的图形文件 "DWG\第 15 章\图 15-12a.dwg"，得到如图
15-12(a)所示的图形。图中有两个圆柱体和一个长方体。用大圆柱体对小圆柱体、长方体进行
差集操作。

操作步骤如下。

单击功能区中的 "常用" | "实体编辑" | ▣(实体，差集)按钮，或单击 "建模" 工具栏
上的 ▣(差集)按钮，或执行 "修改" | "实体编辑" | "差集" 命令，即执行 SUBTRACT 命令，
AutoCAD 提示：

> 选择要从中减去的实体、曲面和面域...
> 选择对象:(选择大圆柱体)
> 选择对象:↙
> 选择要减去的实体、曲面和面域...

选择对象:(选择小圆柱体和长方体)
选择对象:↙

执行结果如图 15-12(b)所示。

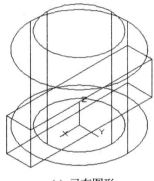
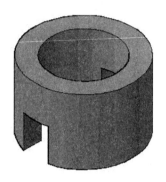

(a) 已有图形　　　　　　　　　　　(b) 执行差集操作后的结果(真实视觉样式)

图 15-12　差集操作

本书下载文件中的图形文件"DWG\第 15 章\图 15-12b.dwg"提供了执行差集操作后的实体。

15.3　综合练习

目的:综合利用 AutoCAD 2022 的三维功能创建复杂的实体模型。

上机练习 11　绘制如图 10-12 所示零件的实体模型,绘制结果如图 15-13 所示。

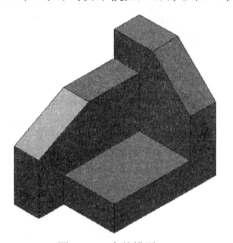

图 15-13　实体模型

操作步骤如下。

为方便操作,图 15-14 所示给出了对应的零件图。

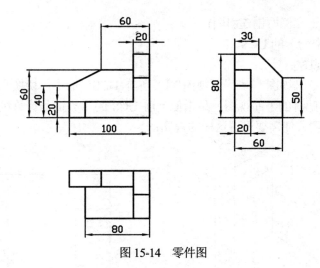

图 15-14　零件图

(1) 创建底面长方体(尺寸：80×60×20)

执行 BOX 命令，AutoCAD 提示：

指定第一个角点或 [中心(C)]:0,0,0✓
指定其他角点或 [立方体(C)/长度(L)]:80,60,20✓

(2) 创建后面(图 15-15 中的左侧面)长方体(尺寸：100×60×20)

执行 BOX 命令，AutoCAD 提示：

指定第一个角点或 [中心(C)]:0,0,0✓
指定其他角点或 [立方体(C)/长度(L)]:100,60,20✓

(3) 创建侧面(图 15-15 中的右侧面)长方体(尺寸：20×60×80)

执行 BOX 命令，AutoCAD 提示：

指定第一个角点或 [中心(C)]:0,0,0✓
指定其他角点或 [立方体(C)/长度(L)]:20,60,80✓

执行"视图"|"三维视图"|"东北等轴测"命令改变视点，执行结果如图 15-15 所示。

(4) 并集

对如图 15-15 所示的 3 个长方体执行 UNION 命令，进行并集操作，得到如图 15-16 所示的图形(注意与图 15-15 的区别)。

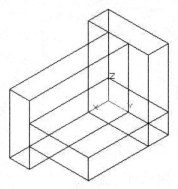

图 15-15　已创建的长方体

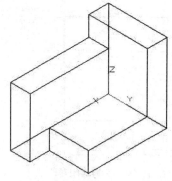

图 15-16　执行并集操作后的结果

(5) 定义 UCS(用于在侧面创建斜面)

定义如图 15-17 中所示的 UCS。

(6) 切换到平面视图

执行"视图"|"三维视图"|"平面视图"|"当前 UCS"命令，切换到平面视图，显示结果如图 15-18 所示(此时的平面视图，是指使当前 UCS 的 XY 面与计算机屏幕重合时看到的视图，一般为了绘图方便需要设置这样的视图)。

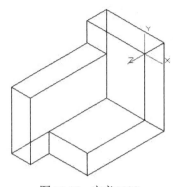

图 15-17　定义 UCS

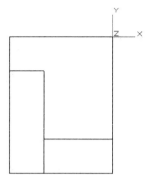

图 15-18　切换到平面视图

说明：

切换到平面视图后，视图将充满整个屏幕，一般还应改变视图的显示比例。

(7) 绘制封闭多段线

执行 PLINE 命令，绘制封闭多段线，绘制结果如图 15-19 所示(用粗线表示)。

(8) 拉伸

执行 EXTRUDE 命令，AutoCAD 提示：

```
选择要拉伸的对象或 [模式(MO)]: (选择多段线)
选择要拉伸的对象或 [模式(MO)]:✓
指定拉伸的高度或 [方向(D)/路径(P)/倾斜角(T)/表达式(E)]: -30✓ (负号表示拉伸方向与 Z 坐标轴正方
向相反)
```

执行"视图"|"三维视图"|"东北等轴测"命令改变视点，显示结果如图 15-20 所示。

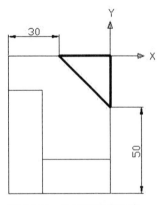

图 15-19　绘制封闭多段线

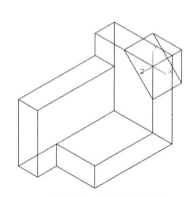

图 15-20　创建拉伸实体

(9) 创建另一个拉伸实体

用类似的方法，参照图 15-14 所示的尺寸，在另一个面上创建拉伸实体，结果如图 15-21 所示(操作步骤为：定义新的 UCS，绘制封闭多段线，执行拉伸操作。如果图形较为简单，绘图时不必切换到平面视图)。

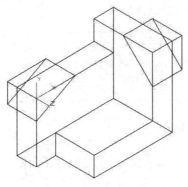

图 15-21 拉伸实体

(10) 差集

执行 SUBTRACT 命令，AutoCAD 提示：

选择要从中减去的实体、曲面和面域...
选择对象:(选择通过并集操作得到的实体)
选择对象:✓
选择要减去的实体、曲面和面域...
选择对象:(选择两个拉伸实体)
选择对象:✓

执行结果如图 15-22 所示。

本书下载文件中的图形文件"DWG\第 15 章\图 15-13.dwg"提供了对应的最终实体。

上机练习 12 绘制如图 10-17 所示零件的实体模型，结果如图 15-23 所示。

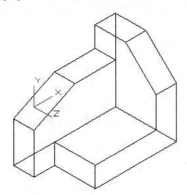

图 15-22 执行差集操作后的结果

图 15-23 实体模型

操作步骤如下。

为了方便操作，图 15-24 所示提供了对应的零件图。

(1) 绘制圆柱体

① 绘制尺寸为 $\phi80 \times 90$(高)的圆柱体

执行 CYLINDER 命令，AutoCAD 提示：

指定底面的中心点或 [三点(3P)/两点(2P)/切点、切点、半径(T)/椭圆(E)]:0,0,0↙
指定底面半径或 [直径(D)]:40↙
指定高度或 [两点(2P)/轴端点(A)]:90↙

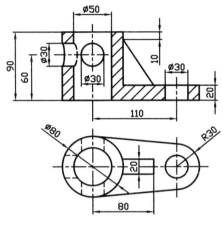

图 15-24　零件图

② 绘制尺寸为 φ50×100 的圆柱体(用于创建左侧的大孔)

执行 CYLINDER 命令，AutoCAD 提示：

指定底面的中心点或 [三点(3P)/两点(2P)/切点、切点、半径(T)/椭圆(E)]:0,0,0↙
指定底面半径或 [直径(D)]:25↙
指定高度或 [两点(2P)/轴端点(A)]:100↙

③ 绘制尺寸为 φ60×20 的圆柱体(用于创建右侧的半圆柱体)

执行 CYLINDER 命令，AutoCAD 提示：

指定底面的中心点或 [三点(3P)/两点(2P)/切点、切点、半径(T)/椭圆(E)]:100,0↙
指定底面半径或 [直径(D)]:30↙
指定高度或 [两点(2P)/轴端点(A)]:20↙

④ 绘制尺寸为 φ30×20 的圆柱体(用于创建右侧的小孔)

执行 CYLINDER 命令，AutoCAD 提示：

指定底面的中心点或 [三点(3P)/两点(2P)/切点、切点、半径(T)/椭圆(E)]:100,0↙
指定底面半径或 [直径(D)]:15↙
指定高度或 [两点(2P)/轴端点(A)]:20↙

执行"视图"|"三维视图"|"东北等轴测"命令，改变视点，执行结果如图 15-25 所示(注意：为使读者的操作与后续介绍的步骤一致，应保证坐标系图标一致)。

(2) 在 XY 面绘制封闭多段线

执行 PLINE 命令，在 XY 面绘制封闭多段线，如图 15-26 所示。其绘制方法之一为：先绘制两条切线，绘制结果如图 15-27 所示(在左侧捕捉端点可能不是很方便，因此可以先绘制右侧的切线，再镜像到左侧)。

再绘制连接对应切线端点的两条直线，绘制结果如图 15-28 所示。

最后，执行 PEDIT 命令，将 4 条直线合并成一条多段线。

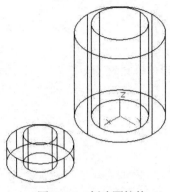

图 15-25　创建圆柱体

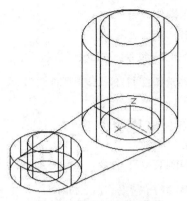

图 15-26　绘制封闭多段线

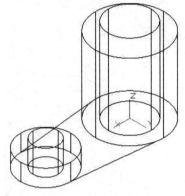

图 15-27　绘制切线 1

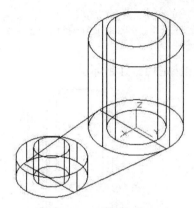

图 15-28　绘制切线 2

(3) 拉伸成实体

执行 EXTRUDE 命令，AutoCAD 提示：

```
选择要拉伸的对象或 [模式(MO)]: (选择前面绘制的多段线)
选择要拉伸的对象或 [模式(MO)]:↙
指定拉伸的高度或 [方向(D)/路径(P)/倾斜角(T)/表达式(E)]:20↙
```

执行结果如图 15-29 所示。

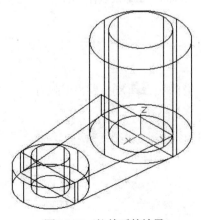

图 15-29　拉伸后的结果

(4) 布尔操作

① 并集

执行 UNION 命令，AutoCAD 提示：

> 选择对象:(选择通过拉伸操作得到的实体以及直径为80和60的两个圆柱体)
> 选择对象:↙

执行结果如图 15-30 所示。

② 差集

执行 SUBTRACT 命令，AutoCAD 提示：

> 选择要从中减去的实体、曲面和面域…
> 选择对象:(选择通过并集操作得到的实体)
> 选择对象:↙
> 选择要减去的实体、曲面和面域…
> 选择对象:(选择直径为50和30的两个圆柱体)
> 选择对象:↙

执行结果如图 15-31 所示。

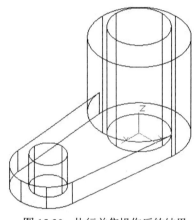 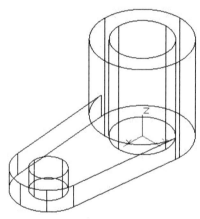

图 15-30　执行并集操作后的结果　　　　图 15-31　执行差集操作后的结果

(5) 定义 UCS

单击功能区中的"视图"|"坐标"| ▣(原点)按钮，或执行"工具"|"新建 UCS"|"原点"命令，AutoCAD 提示：

> 指定新原点 <0,0,0>: 0,0,60↙

执行结果如图 15-32 所示。

单击功能区中的"视图"|"坐标"| ▣(X)按钮，或执行"工具"|"新建 UCS"|X 命令，AutoCAD 提示：

> 指定绕 X 轴的旋转角度 <90>:↙

执行结果如图 15-33 所示。

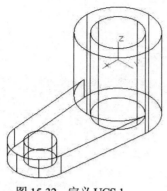
图 15-32　定义 UCS 1

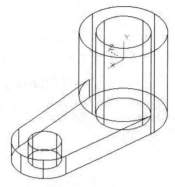
图 15-33　定义 UCS 2

(6) 绘制圆柱体

执行 CYLINDER 命令，AutoCAD 提示：

> 指定底面的中心点或 [三点(3P)/两点(2P)/切点、切点、半径(T)/椭圆(E)]: 0,0,50↙
> 指定底面半径或 [直径(D)]: 15↙
> 指定高度或 [两点(2P)/轴端点(A)]: -100↙

执行结果如图 15-34 所示。

(7) 差集

执行 SUBTRACT 命令，AutoCAD 提示：

> 选择要从中减去的实体、曲面和面域...
> 选择对象:(选择通过并集操作得到的实体)
> 选择对象:↙
> 选择要减去的实体、曲面和面域...
> 选择对象:(选择新创建的圆柱体)
> 选择对象:↙

执行结果如图 15-35 所示。

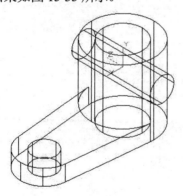
图 15-34　绘制圆柱体

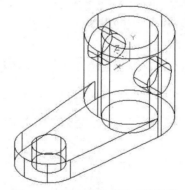
图 15-35　执行差集操作后的结果

(8) 定义 UCS

单击功能区中的"视图"|"坐标"| 按钮，或执行"工具"|"新建 UCS"| Y 命令，AutoCAD 提示：

> 指定绕 Y 轴的旋转角度 <90>:↙

执行结果如图 15-36 所示。

(9) 绘制圆柱体

执行 CYLINDER 命令，AutoCAD 提示：

指定底面的中心点或 [三点(3P)/两点(2P)/切点、切点、半径(T)/椭圆(E)]:0,0, 0↙
指定底面半径或 [直径(D)]: 15↙
指定高度或 [两点(2P)/轴端点(A)]: -60↙

执行结果如图 15-37 所示。

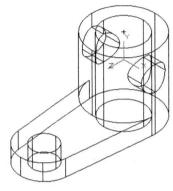

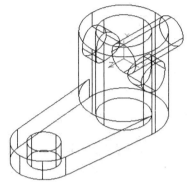

图 15-36　定义 UCS　　　　　　图 15-37　绘制圆柱体

(10) 差集

执行 SUBTRACT 命令，AutoCAD 提示：

选择要从中减去的实体、曲面和面域...
选择对象:(选择通过并集操作得到的实体)
选择对象:↙
选择要减去的实体、曲面和面域...
选择对象:(选择新绘制的圆柱体)
选择对象:↙

执行结果如图 15-38 所示。

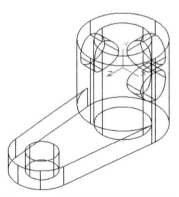

图 15-38　执行差集操作后的结果

(11) 定义 UCS

定义如图 15-39 中 UCS 图标所示的 UCS(UCS 的原点位于底座的上平面与大圆柱体交线上的象限点)。

(12) 切换到平面视图

执行"视图"|"三维视图"|"平面视图"|"当前 UCS"命令，结果如图 15-40 所示(也可以不执行此操作)。

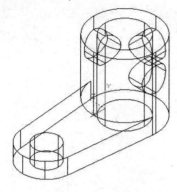

图 15-39　定义 UCS

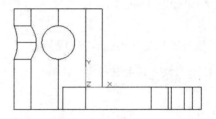

图 15-40　切换到平面视图

(13) 绘制封闭多段线

执行 PLINE 命令，AutoCAD 提示：

指定起点: -15,0↙
当前线宽为 0.0000
指定下一点或 [圆弧(A)/半宽(H)/长度(L)/放弃(U)/宽度(W)]: @55,0↙
指定下一点或 [圆弧(A)/闭合(C)/半宽(H)/长度(L)/放弃(U)/宽度(W)]: @-45,60↙
指定下一点或 [圆弧(A)/闭合(C)/半宽(H)/长度(L)/放弃(U)/宽度(W)]: L↙
指定直线的长度: 10↙
指定下一点或 [圆弧(A)/闭合(C)/半宽(H)/长度(L)/放弃(U)/宽度(W)]:C↙

绘制封闭多段线，绘制结果如图 15-41 所示。

(14) 拉伸实体

执行 EXTRUDE 命令，AutoCAD 提示：

选择对象:(选择多段线)
选择对象:↙
指定拉伸的高度或 [方向(D)/路径(P)/倾斜角(T)/表达式(E)]: 20↙

执行结果如图 15-42 所示。

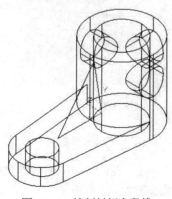

图 15-41　绘制封闭多段线

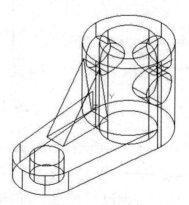

图 15-42　拉伸实体

(15) 移动实体

执行 MOVE 命令，AutoCAD 提示：

> 选择对象:(选择拉伸实体)
> 选择对象: ↙
> 指定基点或 [位移(D)] <位移>:(在绘图屏幕任意位置拾取一点)
> 指定第二个点或 <使用第一个点作为位移>: @0,0,-10↙

执行结果如图 15-43 所示。

(16) 并集

执行 UNION 命令，AutoCAD 提示：

> 选择对象:(选择图 15-43 中的两个实体)
> 选择对象:↙

执行结果如图 15-44 所示。

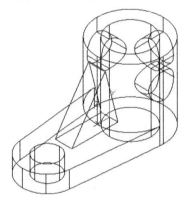

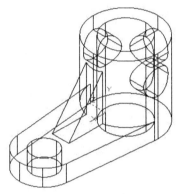

图 15-43　移动实体　　　　　　图 15-44　执行并集操作后的结果

将系统变量 DISPSILH 设为 1，执行 HIDE 命令，进行消隐操作，得到如图 15-45 所示的图形。使其以视觉样式显示，得到如图 15-46 所示的图形。

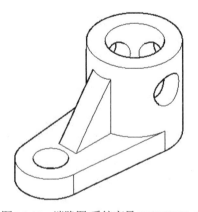

图 15-45　消隐图(系统变量 DISPSILH=1)　　　　图 15-46　真实视觉样式

本书下载文件中的图形文件"DWG\第 15 章\图 15-23.dwg"提供了对应的实体模型。

上机练习 13　绘制如图 15-47 所示零件的实体模型，结果如图 15-48 所示。

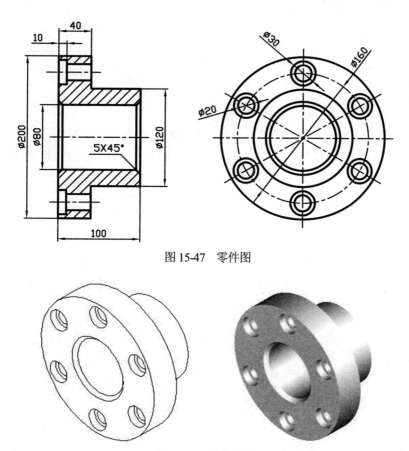

图 15-47 零件图

图 15-48 实体模型

本书下载文件中的图形文件"DWG\第 15 章\图 15-48.dwg"提供了对应的实体模型。

上机练习 14 绘制如图 15-49 所示的实体模型(为使读者看清内部结构,左图已剖去了位于前面的 1/4 部分)。

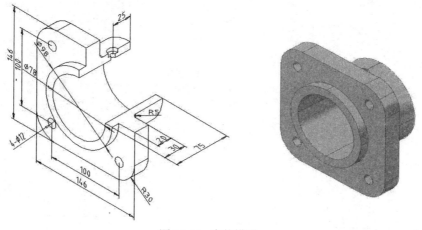

图 15-49 实体模型

本书下载文件中的图形文件"DWG\第 15 章\图 15-49.dwg"提供了对应的实体模型。